"十四五"普通高等教育本科部委级规划教材

U0734242

服装学科系列教材

李 正 | 韩可欣 ◎ 主 编

孙路苹 | 叶德昊 ◎ 副主编

FUZHUANG SHEJI
SIWEI YU FANGFA

服装设计思维与方法

中国纺织出版社有限公司

内 容 提 要

本书是"十四五"普通高等教育本科部委级规划教材。本书主要是对服装设计思维的论述，是服装设计意识论和方法论。主要内容包括绪论、服装设计思维导入、服装设计思维训练方法、服装设计方法与表达、服装设计思维模式探析、从设计作品解析设计思维与方法等。书中对创造性思维培养和思维能力的训练都进行了重点阐释。在设计思维论述中运用了大量作品案例解析，内容翔实、论述系统，图片选择具有代表性。本书理论联系实际，专业地论述了服装设计思维由"始"至"终"的实现过程，具有较高的启发性与可操作性。

本书既可作为高等院校、职业院校服饰艺术专业教材，也可作为服装设计行业相关人士与广大服饰设计爱好者的参考书使用。

图书在版编目（CIP）数据

服装设计思维与方法 / 李正，韩可欣主编；孙路苹，叶德昊副主编. -- 北京：中国纺织出版社有限公司，2024. 8. --（"十四五"普通高等教育本科部委级规划教材）. -- ISBN 978-7-5229-1897-6

Ⅰ. TS941. 2

中国国家版本馆 CIP 数据核字第 2024KT4483 号

责任编辑：苗　苗　宗　静　　特约编辑：曹昌虹
责任校对：李泽巾　　　　　　　责任印制：王艳丽

中国纺织出版社有限公司出版发行
地址：北京市朝阳区百子湾东里 A407 号楼　邮政编码：100124
销售电话：010 — 67004422　传真：010 — 87155801
http://www.c-textilep.com
中国纺织出版社天猫旗舰店
官方微博 http://weibo.com/2119887771
北京通天印刷有限责任公司印刷　各地新华书店经销
2024 年 8 月第 1 版第 1 次印刷
开本：787×1092　1/16　印张：13.5
字数：245 千字　定价：68.00 元

服装学科现状及其教材建设

能遇到一位好的老师是人生中非常幸运的事，有时这又是可遇而不可求的。韩愈说："师者，所以传道受业解惑也。"而今天我们又总是将老师比喻为辛勤的园丁，比喻为燃烧自己照亮他人的蜡烛，比喻为人类心灵的工程师，等等，这都是在赞美教师这个神圣的职业。作为学生，尊重自己的老师是本分；作为教师，认真地从事教学工作，因材施教去尽心尽责培养好每一位学生是做老师的义务，也是教师的基本职业道德。

教师与学生之间是一种无法割舍的长幼关系，是教与学的关系，是传道与悟道的关系，是一种付出与成长的关系，服装学科的教学也是如此，"愿你出走半生，归来仍是少年"。谈到师生的教与学的关系问题必然绕不开教材问题，教材在师生教与学关系中扮演着一个特别重要的角色，这个角色就是一个互通互解的桥梁角色。凡是优秀的教师都一定会非常重视教材（教案）的建设问题，没有例外。因为教材在教学中的价值与意义是独有的，是不可用其他手段来代替的，当然好的老师与好的教学环境都是极其重要的，这里我们主要谈的是教材的价值问题。

当今国内服装学科的现状主要分为三大类型，即艺术类服装设计学科、纺织工程类服装专业学科、高职高专与职业教育类服装专业学科。另外，还有个别非主流的服装学科，比如戏剧戏曲类的服装艺术教育学科、服装表演类学科等。国内现行三大类型服装学科教学培养目标各有特色，三大类型的教学课程体系也有较大差异性，这个问题专业教师要明白，要用专业的眼光去选择适用于本学科的教材，并且要善于在自己的教学中抓住学科重点实施教学。比如，艺术类服装设计教育主要是侧重设计艺术与设计创意的培养，其授予的学位一般都是艺术学，过去是文学学位，而未来还将会授予交叉学学位。艺术类服装设计学科的课程设置是以艺术加创意设计为核心的，比如国内八大独立的美术学院与九大独立的艺术学院，还有国内一些知名高校中的二级艺术学院、美术学院、设计学院等的课程设置。这类院校培养的毕业生就业方向以自主创业、工作室高级成衣定制师、大型企业高级服装设计师、企业高管人员、高校教师或教辅人员居多。纺织工程类服装学科的毕业生一般都是授予工学学位，其课程设置多以服装材料研究及服装研发为重点，包括服装各类设备的使用与服装工业再改造等。这类学生在考入高校时的考试方式与艺术生是不一样的，他们是以正常的文理科考试进校的，所以其美术功底不及艺术生，但是其文化课程分数较高。这类毕业生的就业多数是进入大型服装企业承担高级管理工作、高级专业技术工作、产品营销管理工作、企业高级策划工作、高校教学与教辅工作等。高职高专与职业类服装学科的教育是以专业技能的培养为主要核心的，其在课程设置方面就比较突出实际动手的实操实训能力的培养，非常注重技能本领的提升，甚至会安排学生考相应的专业技能等级证书。高职高专的学生未达本科层次，是没有本科学位的专业生，这部分学生相对于其他具有学位层次的高校生来讲更具职业培养的属性，在技能培养方面独具特色，主要是为企业培养实用型专业人才的，这部分毕业生更受企业欢迎。这些都是我国现行服装学科教育的现状，我们在制订教学大纲、教学课程体系、选择专业教材时，都要具体研究不同类型学科的实际需求，要让教材能够最大限度地发挥其专业功能。

教材的优劣直接关系着专业教学的质量问题，也是专业教学考量的重要内容之一，所以我们要清楚我国现行的三大类型服装学科各自的特色，不可"用不同的瓶子装同样的水"进行模糊式教育。

交叉学科的出现是时代的需要，是设计学顺应高科技时代的一个必然，是中国教育的顶层设计。本次教育部新的学科目录调整是一件重要的事情，特别是设计学从13门类艺术学中调整到了新设的14门类交叉学科中，即1403设计学（可授工学、艺术学学位）。艺术学门类中仍然保留了1357"设计"一级学科。我们在重新制订服装设计教学大纲、教学培养过程与培养目标时要认真研读新的学科目录，还要准确解读《2022教育部新版学科目录》中的相关内容后再研究设计学科下的服装设计教育的新定位、新思路、新教材。

服装学科的教材建设是评估服装学科优劣的重要考量指标。今天我国各个专业高校都非常重视教材建设，特别是相关的各类"规划教材"更受重视。服装学科建设的核心内容包括两个方面，其一是科学的专业教学理念，也是对于服装学科的认知问题，这是非物质量化方面的问题，现代教育观念就是其主观属性；其二是教学的客观问题，也是教学的硬件问题，包括教学环境、师资力量、教材问题等，这是专业教育的客观属性。服装学科的教材问题是服装学科建设与发展的客观性问题，这一问题需要认真思考。

撰写教材可以提升教师队伍对于专业知识的系统性认知，能够在撰写教材的过程中发现自己的专业不足，拓展自身的专业知识理论，高效率地使自己在专业上与教学逻辑思维方面取得本质性的进步。撰写专业教材可以将教师自己的教学经验做一个很好的总结与汇编，充实自己的专业理论，逐步丰富专业知识内核，最终使自己的教学趋于优秀。撰写专业教材需要查阅大量的专业资料，并收集海量数据，特别是在今天的大数据时代，在各类专业知识随处可以查阅与验证的现实氛围中，出版优秀的教材是对教师的一个专业考验，是检验每一位出版教材教师专业成熟度的测试器。

教材建设是任何一个专业学科都应该重视的问题，教材问题解决好了，专业课程的一半问题就解决了。书是人类进步的阶梯，书是人类的好朋友，读一本好书可以让人心旷神怡，读一本好书可以让人如沐春风，可以让读者获得生活与工作所需的新知识。一本好的专业教材也是如此。

好的老师需要好的教材给予支持，好的教材也同样需要好的老师来传授与解读，珠联璧合，相得益彰。一本好的教材就是一位好的老师，是学生的好朋友，是学生的专业知识输入器。衣食住行是人类赖以生存的支柱，服装学科正是大众学科，服装设计与服装艺术是美化人类生活的重要手段，是美的缔造者。服装市场又是一个国家的重要经济支撑，服装市场的发展可以解决很多就业问题，还可以向世界输出中国服装文化、中国时尚品牌，向世界弘扬中国设计与中国设计主张。大国崛起与文化自信包括服装文化自信与中国服装美学的世界价值。"德智体美劳"都是我国高等教育不可或缺的重要组成，我们要在努力构架服装学科专业教材上多下功夫，努力打造出一批符合时代的优秀专业精品教材，为现代服装学科的建设与发展多作贡献。

从事服装专业教育者需要首先明白，好的教材需要具有教材的基本属性：知识自成体系，逻辑思维清晰，内容专业，目录完备，图文并茂，循序渐进，由简到繁，由浅入深，特别是要让学生能够读懂看懂。

教材目录是教材的最大亮点，十分重要。出版教材的目录一定要完备，各章节构成思路要符合专业逻辑，要符合先后顺序的正确性，可以说教材目录是教材撰写的核心要点。这里用建筑来打个比方，教材目录好比高楼大厦的根基与构架，而教材的具体内容与细节撰写又好比高楼大厦的瓦砾与砖块加水泥等填充物。只要建筑承重墙不拆不移，细节的砖块与瓦砾、隔断墙是可以根据个人的喜好进行适当调整或重新组合的。这是建筑的结构与装饰效果的关系问题，这个问题放到我们服装学科的教材建设上，可以比较清楚地来理解教材的重点问题。

纲举目张，在教学中要能够抓住重点，因材施教，要善于旁敲侧击举一反三。"教育是点燃而不是灌输"，这句话给了我们教育工作者很多的思考，其中就包括如何提高学生的专业兴趣，在教学中，兴趣教学原则很值得我们去研究。从某种意义上来讲，兴趣是优秀地完成工作与学习的基础保证，也是成为一位优秀教师、优秀学生的基础保证。

本系列教材是李正教授与自己学术团队共同努力的又一教学成果。参与编写的作者包括清华大学美术学院吴波老师、肖榕老师，苏州城市学院王小萌老师，广州城市理工学院翟嘉艺老师，嘉兴职业技术学院王胜伟老师、吴艳老师、孙路苹老师，南京传媒学院曲艺彬老师，苏州高等职业技术学院杨妍老师，江苏省盐城技师学院韩可欣老师，江南大学博士研究生陈丁丁，英国伦敦艺术大学研究生李潇鹏等。

　　苏州大学艺术学院叶青老师担任了本次12本"十四五"普通高等教育本科部委级规划教材出版项目主持人。感谢中国纺织出版社有限公司对苏州大学一直以来的支持，感谢出版社对李正学术团队的信赖。在此还要特别感谢苏州大学艺术学院及其兄弟院校参编老师们的辛勤付出。该系列教材包括《服装设计思维与方法》《形象设计》《服装品牌策划与运作》等，共计12本，请同道中人多提宝贵意见。

李正、叶青

2023年6月

　　服装的产生与发展伴随整个人类的历史，从有文献记载以来，服装就是人类生活中不可或缺的一部分，随着时代的进步，服装不仅仅是人类保暖御寒的工具，更多的文化与艺术内涵也被包含其中，而现代服装更是要求功能性与艺术性的结合，将服装的作用发挥到极致。

　　对于服装设计师而言，现代服装的设计，既要满足市场消费，又要有审美价值，越来越多的限制条件令服装在设计过程中需要考虑更多的内容，如面料、款式、工艺甚至价格等，庞杂的内容往往令新手设计师难以下手。本书从服装设计教学出发，从最基础的设计概念入手，一步步深入，带领更多服装设计师进入这个有趣而又深刻的设计世界。

　　服装设计的过程需要系统性的思考，需要了解设计工作从何处开始，在设计的关键节点应注意哪些细节。在设计学习过程当中，要以观察能力为先，观察是一位设计师必备的能力，只有拥有发现美的眼睛，才能创作出真正具有美感的作品，设计的积累也从此而来。其次要掌握设计技法，培养设计思维。掌握技法能使设计师从容不迫地面对各种设计问题，培养设计思维会令设计师进行独立的设计思考。设计作品的创意表达以及审美感受来自设计师的设计能力，而往往设计能力的体现源于设计师对于细节的处理，只有在设计过程中充分把握细节，才能创作出理想的作品。设计是一个不断积累的过程，练习、思考、总结、归纳，不断循环往复，打牢设计基础，才能令设计作品不断推陈出新，赋予作品更深刻的精神内涵。

　　在进行服装设计学习过程中，首先，设计师需要拥有独立思考的能力，所有的问题及方法都需要设计师自己去亲身感受，不断探索新的领域。并不是所有的方法都是一成不变的，设计师要根据自己所处的角度去思考设计问题，而解决问题的方法可以是多种多样的，没有哪种是最好，只能说在当前问题下更适合。在进行学习之初培养兴趣是很关键的，兴趣的引导能令设计师拥有主动学习的能力，在这样的状态下，就会进行举一反三式的学习，进而加速成长。其次，要有开阔的视野，在学习服装设计时，大多数人会以观察服装为主，而忽略对生活的观察。对于服装的观察是对当前时尚潮流的把握，但仅仅这样是不够的，很容易陷入先入为主的判断，从而限制自身思维的广度，观察世界、观察生活，这是每一位设计师都取之不尽、用之不竭的灵感来源，是创造出独立且新鲜的设计作品的根基。最后，服装设计师成长的快慢来自天赋，但是能不能成功则来自自身的努力、坚持及境遇。可能会有些设计师在刚开始接触服装设计时就展现出惊人的才华，但是并不是只有这种天赋异禀的才能成功，恰恰相反，真正在服装设计的道路上走向成功的往往是那些天赋一般，但是能够始终坚持，并不断保持对服装设计的热爱的人。天赋的好坏并不关键，这只是学习过程中的催化剂，真正关键的还是自身的努力和奋进，保持热爱，脚踏实地地前进。

本书共六章，内容包括绪论、服装设计思维导入、服装设计思维训练方法、服装设计方法与表达、服装设计思维模式探析和从设计作品解析设计思维与方法。希望本书能够对服装设计教学课程的完善有所帮助，对服装设计专业的学生和服装设计爱好者能有所借鉴和启迪。

本书由李正、韩可欣主编，孙路苹、叶德昊副主编，本书还得到了王巧老师、唐甜甜老师、徐倩蓝老师、叶青老师、岳满老师、曲艺彬老师、陈丁丁博士和李慧慧、余巧玲等同学的支持和帮助，笔者在此对他们表示感谢。

由于时间仓促，书中难免存在不足之处，请各位读者批评指正。

编者

2023年4月

教学内容及课时安排

章 / 课时	课程性质 / 课时	节	课程内容
第一章 （6 课时）	理论篇 （6 课时）		·绪论
		一	服装相关概念
		二	服装设计思维过程
第二章 （12 课时）	实操篇 （48 课时）		·服装设计思维导入
		一	从灵感导入设计思维
		二	从个体意向导入设计思维
		三	从视觉具象导入设计思维
第三章 （12 课时）			·服装设计思维训练方法
		一	创意性思维训练方法
		二	设计思维能力训练方法
		三	设计思维技法训练
第四章 （12 课时）			·服装设计方法与表达
		一	强化主题的设计方法与表达
		二	突出造型的设计方法与表达
		三	突出材料的设计方法与表达
		四	突出色彩的设计方法与表达
		五	突出品牌特色的设计方法
第五章 （12 课时）			·服装设计思维模式探析
		一	中西服装设计思维模式比较
		二	当代服装设计思维模式的多样性
		三	以市场为导向的设计思维模式
		四	以秀场为导向的设计思维模式
		五	以精神需求为导向的设计思维模式
第六章 （6 课时）	赏析篇 （6 课时）		·从设计作品解析设计思维与方法
		一	作品一《尔雅》
		二	作品二《失鱼者》
		三	作品三《地外视界》
		四	作品四《飞鸟说》
		五	作品五《CAUTION》
		六	作品六《REBORN》

注　各院校可根据自身的教学特点和教学计划对课程时数进行调整。

目 录
CONTENTS

第一章
绪论

课题名称：绪论

课题内容：1.服装相关概念

2.服装设计思维过程

课题时间：6课时

教学目的：掌握与服装和思维认知有关的基础理论

教学方式：理论讲授

教学要求：1.了解与服装相关的基础概念

2.掌握服装设计思维过程的方法

课前（后）准备：相关教案、PPT等

　　我们研究服装设计思维与方法，首先要进行与服装和思维认知有关的基础理论研究，在理论研究的基础上用科学、有效的手段进行实践；其次要在实践中求证和发展理论，最终达到全面正确地掌握服装设计思维与方法的效果。这些基础概念在服装设计中有着极其重要的作用，掌握这些基础知识也是服装设计师必须具备的专业素质。

　　服装设计以服装为载体，通过一定的思维过程和美学规律，将设计师的想法与设计概念、主题、时尚流行语言融合在一起，最终以物化的具象形态完成对整个着装状态的创作。

第一节　服装相关概念

　　学习服装设计思维，首先要明确一些服装的基本概念，在对基本概念有所了解的基础上，再去进行设计实践，学习过程讲究理论与实践相结合，科学的理论依据是我们学习过程中的助力。同时对于理论知识的学习是一个长期的过程，只有在深入地掌握学科的基本知识和问题后，才能提高认知水平，更深入也更清晰地了解服装设计思维的逻辑性，从理论再到实践，将知识转化为设计实践，从而令自身的设计基础更加牢固。

一、服装类

　　"衣、食、住、行"是人类生存的根本，"衣"被排在首位，可见其所具有的重大意义。服装除了具有御寒、蔽体等现实的保护作用外，还有装饰和美化人体的功能，更有遮羞、伪装、炫耀、表现等心理的需求与满足。人类的着装又和自身的修养，其所处社会的政治、民俗、流行等密不可分。因此，服装是重要的社会意识形态，体现着人类的文明。

（一）服装与衣服

　　服装的英文为clothing、garments、apparel。服装可以从两方面理解：一方面，"服装"等同于"衣服""成衣"，如"服装厂""服装店""服装模特""服装公司""服装鞋帽公司"等，其中，"服装"均可以用"衣服"或"成衣"来置换，特别是现在，用"成衣"来替代"服装"两个字更为贴切。"服装"这个词的使用在我国非常广泛，大多数人都把"服装"当成是"衣服"的同义词，指包裹人体躯干的衣物，通常被称为是人的第二层皮肤，但实质上，服装的范围是大于衣服的。因此，从另一方面来说，服装是指人体着装后的一种状态，如"服装美""服装设计""服装表演"等，指包括人本身在内的一种状态美、综合美。"衣服美"只是一种物的美，而"服装美"则包含穿着者本身这个重要的基础，是指穿着者与衣服之间、与环境之间，在物用价值和精神价值的层面上，表现出来的一种协调统一的状态美（图1-1），能够表现出穿着者的生活态度、理想信念、职业归属等特质。因此，同样一件衣服，穿在不同的人身上会呈现不同的效果。

图1-1　"服装美"是一种状态美

（二）时装与成衣

时装可以理解为时尚的、时髦的、富有时代感的服装，它是相对于历史服装和已经定型于生活当中的衣服形式而言的。人们为了赶时髦，或出于经济目的，把原来的服装店、服装厂、服装公司改为时装店、时装厂、时装公司。"服装"是新中国成立后才普遍使用的词语，"时装"则是比较流行的时髦术语。在国际服饰理论界，时装至少包含三个不同的概念，即mode、fashion、style。

mode，源自拉丁语modus，是方法、样式的意思。与mode相似的词还有vogue，这个词也有尝试的意思，在某种程度上，它是指那些比mode还要领先的最新倾向的作品。

fashion，一般翻译为"流行"，指时髦的样式。还包含物的外形，上流社会风行一时的事物、人物、名流等意思。作为服饰用语，fashion和mode相对是指大批量投产、出售的成衣或其流行的状态。

style一词源自拉丁语stilus，是指古人在蜡纸上写字用的铁笔、尖笔。style转意有书体、语调之意，它作为文学术语，最初用来指作家的文体、文风等，后来又逐渐演变为表现绘画、音乐、戏剧等艺术上的表现形式的用语。随后又涉及建筑、服装、室内装饰、工艺等一切文化领域，被解释为"样式""式样"，还用来表现人物的姿态、风度、造型等。

成衣（ready-to-wear/ready-made-clothes）是指近代出现的按标准号型由机器化成批量生产的成品服装，这是相对于在裁缝店里定做的服装和自己在家里制作的服装而出现的一个新概念。现在在线上服装商店及线下各种商场内购买的服装一般都是成衣（图1-2）。

图1-2　线下成衣

（三）服装学科梳理

所谓"学科"，从创造知识和科研的角度来看，是一种学术分类，指一定科学领域或一门科学的分支，是相对独立的知识体系；从传递知识和教学的角度看，是指教学的科目；从大学里承担教学科研的人员来看，是指学术的组织，即从事科学与研究的机构。

根据2011年3月国务院学位委员会和教育部颁布修订的《学位授予和人才培养学科目录（2011年）》来看，高等教育现行13大学科门类，包括哲学、经济学、法学、教育学、文学、历史学、理学、工学、农学、医学、军事学、管理学、艺术学。其中082104服装设计与工程为二级学科，隶属于08工学下的0821纺织科学与工程；130505服装与服饰设计则隶属于13艺术学下的1305设计学。

根据教育部《职业教育专业目录（2021年）》来看，职业教育现行19个专业大类，包括农林牧渔大类、资源环境与安全大类、能源动力与材料大类、土木建筑大类、水利大类、装备制造大类、生物与化工大类、轻工纺织大类、食品药品与粮食大类、交通运输大类、电子与信息大类、医药卫生大类、财经商贸大类、旅游大类、文化艺术大类、新闻传播大类、教育与体育大类、公安与司法大类、公共管理与服务大类。其中680402服装设计与工艺与680406服装制作与生产管理均隶属于68轻工纺织大类下的6804纺织服装类；750105服装陈列与展示设计和750108首饰设计与制作均隶属于75文化艺术大类下的7501艺术设计类；750206服装表演隶属于7502表演艺术类；750303民族服装与饰品隶属于7503民族文化艺术类。

（四）服装审美与服装美学

服装审美是服装所呈现的形式美感与功能美感。服装审美是由"人"作为主体展开的，它首先与身体有关。身体是人类自古以来最经久不衰的审美对象，对人体的欣赏本质上是人类的一种自我欣赏（图1-3）。事实上，身体是想象的产物，作为"像"而存在，因为我们无法看到自己完整的身体，哪怕是照镜子，也只能看到那一瞬间设定好的表情。因此，身体自然而然有一种闭塞感，而服装可以赋予这个脆弱的本体外在的轮廓。日本哲学家鹫田清一在其著作《古怪的身体——时尚是什么》中提出了一个耐人寻味的观点：泡澡或淋浴之所以让人觉得舒服，是因为在这个过程中身体持续接触水温的强烈刺激，皮肤的感觉被激活了。平时无法通过视觉了解的背部轮廓因为皮肤知觉而变得清晰。换言之，人们能通过洗澡来强化自己身体的轮廓感知，使自己与外部环境之间的界限更加明显，存在形态更加确切。运动也是如此，运动过后肌肉产生的酸痛感，会使人的意识集中到体表。人的每一个动作都会造成衣服和皮肤的摩擦，为皮肤提供适度的刺激。这样我们就能以触觉确认视觉无法感知的身体轮廓了。衣服就这

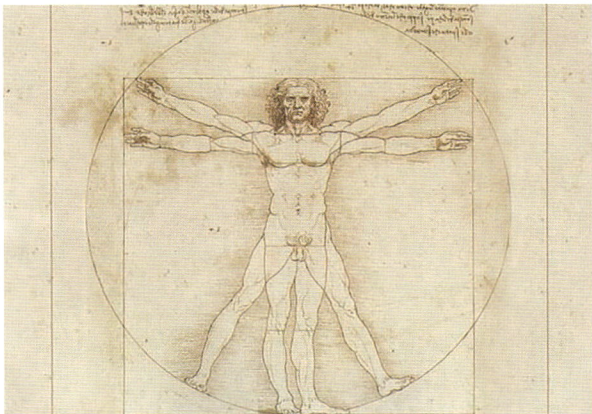

图1-3 人体美学中的黄金分割

图1-4 新古典主义画派代表作《荷拉斯兄弟之誓》

样悄悄平息着由于身体的难以感知而潜藏着的焦虑。此时，衣服显得极为重要，它对身体表面施加持续且适度的刺激，不断加强人对身体零碎且模糊的轮廓感知。于是人将这另一层永恒的皮肤发明出来，这也是服装被称作人的第二层皮肤的原因。我们所看到的，加上感知到的，再加上想象的才是完整的身体。从性别文化视角来看，服装审美源自女性的感性特征。男性偏于逻辑，善于抽象；女性偏于感性，重于具象。这种差别在新古典主义画派的奠基人雅克·路易·大卫（Jacques-Louis David，1748—1825）的著名油画《荷拉斯兄弟之誓》（图1-4）中得以窥见，女性和感性审美的关联较之男性更为普遍和突出。著名的法兰克福学派哲学家马尔库塞将审美的解放与性别联系起来，将女性的感性存在上升到人类自由和解放的高度，认为那是一场真正的、无声的对男性化理性专制的革命。服装最能充分地体现出女性感性的审美诉求，设计师正是从性别意识切入服装的主题、风格、观念等文

化层面，我们在服装的每一个细节中都可以感受到性别的流动气息。

美学，主要是指人们在漫长的社会生活中积累的，通过文字总结、概括与记载所形成的理论，是研究人与世界审美关系的一门学科。现代基础美学主要包括美论、美感和艺术三大部分。服装美学是交叉性实用美学，从属于基础美学。服装美学隶属于美学研究范畴，它与普通美学有着同一的本质特性，既联系哲学，又有着自己的研究重点；既侧重于服装的审美意识、心理、标准等基础理论，又包括应用理论与发展理论。它所关注的是结构的技术规定性与形式创造的自由度的关系以及功能目的性如何向形式表现力的转化问题。

（五）服装表演与服装展示

服装表演是展示服装的一种组织活动。它主要是通过模特穿着设计的服装走秀的形式，将设计师对服装的设计意图用动态立体的方式向观众表达出来（图1-5）。服装表演是一门综合性的艺术，由服装、模特、编导、舞美、灯光、音乐、妆容、饰品以及前台和后台管理等诸多要素构成（图1-6），是一个系统工程。要把握好服装表演的总体效果，第一步要对服装表演的主要环节进行精心策划和设计，对服装表演的诸多要素进行综合构思创意，从而达到和谐统一的效果，体现出审美观赏价值。

图1-5　服装表演（Rokh 2023年春夏秀场）

图1-6　舞台效果（RAVE REVIEW 2023年春夏秀场）

服装展示分为静态展示（图1-7）和动态展示（图1-8）两种基本形式。相比较而言，服装静态展示花费的成本较低，比较不容易发生突发状况，有较为广泛的受众面，是展会中的基本展示形式。出色的展示效果依赖于设计者巧妙的艺术创新设计能力。要做到在有限的展示空间中抓住参观者的眼球，进而引导他们对服装产品产生浓厚的兴趣，是服装展示的主要任务。

图1-7 服装静态展示
（作者：陈丁丁）

图1-8 服装动态展示一

（六）服装的构成

服装的构成包括款式、材料、色彩三大要素。这三大要素在服装设计和成型的过程中，是相互制约又相互依存的关系。

1. 款式

服装款式又称为服装式样，主要指服装的外形结构形态与内部的细节，既是服装结构的形式特征，又是直接反映服装实用性、艺术性和社会性的具体表现。其研究的主要内容为：实用性需要有与之相匹配的服装款式，艺术性、社会性都必须通过款式得以实现。服装款式设计具体表现在对款式的廓型、局部、细节及分割等方面的设计。从某种意义上看，人们对于服装的研究在很大程度上是对款式的研究，包括服装款式的构成、服装款式的廓型变化、服装款式的局部变化、细节处理等（图1-9）。

图1-9 服装款式展示
（图片来源：POP服装趋势网）

2. 材料

材料是服装款式和色彩的载体，设计师通常会根据材料的外观感受和性能特征来进行创作。因此，材料的选择在很大程度上决定着服装的风格走向。正确认识并识别服装的材料性能，将其合理地运用于服装设计是每一个设计师需要掌握的基本知识。不同材质的面料具有不同的性能，在某种程度上影响或决定着服装的设计方向（图1-10），也是消费者选购服装时的重要评判标准之一。材料不仅是设计美学的基本因素以及设计的基础和依托，而且也决定了设计审美风格的形成。

涤纶海岛丝　　涤棉人丝长丝镜面缎　　扎染渐变雪纺　　水光纱

涤纶水晶丝缎　　真丝金属丝　　洒金雪纺　　微绉肌理

（a）流光缎面　　　　　　　　　　（b）薄纱雪纺

彩色烫金　　尼龙珠光幻彩面料　　透明不规则亮片　　双面镜片亮片

幻彩欧根纱　　珠光幻彩PU膜　　超大水晶鱼鳞亮片　　彩色亮片

（c）幻彩覆膜　　　　　　　　　　（d）水晶珠片绣

图1-10　服装材料展示
（图片来源：POP服装趋势网）

3. 色彩

色彩是最有表现力的要素之一（图1-11），马克思曾说："色彩的感觉是一般美感中最大众化的形式。"色彩是能引起我们共同的审美愉悦的、最为敏感的形式要素，影响着人们的感知、记忆、联想、情感，能够提供精神上的共鸣。

图1-11　色彩展示
（图片来源：POP服装趋势网）

（七）服装的形态

服装的形态依据服装的外形轮廓与造型结构来看，分别能从宏观和微观的角度进行分类。

1. 宏观角度

从宏观角度来看，服装的形态可分为以下五类：

（1）紧身型。紧贴身体，能充分显示女性的曲线美，通常用于内衣、打底衫及礼服设计等。紧身型服装一般要使用弹性面料，方可充分体现身材。

（2）合体型。较紧身型稍显宽松，对于穿着者而言舒适感更强，同样可以较好地显示女性曲线美。大多数时装品牌使用合体型的服装形态。

（3）半宽松型。介于合体型和宽松型之间。从腰侧看依然可以隐约看见收腰线条。

（4）宽松型。一般运动服、休闲服采用宽松型形态较多，这主要是为了人体运动功能考虑。宽松型服装与人体间的空隙较大。

（5）超宽松型。这也是目前较为流行的一种形态——超大尺寸（Oversize），嘻哈文化中的服装文化几乎就是以Oversize为核心。

2. 微观角度

从微观角度来说，可分为以下三类：

（1）字母型。以直观的方式运用几何字母的象形意义来概括服装的形态，常见的字母型形态有五种：H型、A型、O型、X型、T型。在这些基础形态上又可以变化出更多的形态，如I型、M型、U型、V型、Y型。在服装设计过程中，可使整套服装呈现一种字母型，也可以使用多种字母组合搭配。

（2）几何型。当把服装形态完全看成是直线和曲线的组合时，任何服装的外形都是单个几何体或多个几何体的排列组合。几何型有平面和立体之分，平面有三角型、方型、圆型、梯型，立体几何有长方体、球形体、锥体。

（3）物象型。这也是我们常说的仿生造型设计，世界万物的外形也常被模仿应用在服装造型中，最典型的就是蝙蝠袖（图1-12）、喇叭裤（图1-13）等，再具体一点就如迪奥的郁金香型、20世纪60年代流行的酒杯型、铁塔型、箭型、纺锤型等。

图1-12　蝙蝠袖
（图片来源：POP服装趋势网）

图1-13　喇叭裤
（图片来源：POP服装趋势网）

（八）传统服装与流行时尚

传统服装是指一个民族自古传承下来的、具有本民族固有特色的一种服装，是反映过去时代文化和人们在地域环境影响下形成的文化标志之一。例如，汉服（图1-14），有两种基本形制，即上衣下裳制和衣裳连属制；藏族的传统服

图1-14　汉服
（模特：叶青）

装为长袍，基本样式为右衽、直裾，筒形长袖，长度大多超过手指，一般不用纽扣，束腰，毛皮里，呢布面，边缘部分常翻出宽毛边；京族的传统服装以衣裤型短装为主，具有简洁利索和凉爽的特点，面料主要为轻薄的棉布、丝绸、香云纱等。印度女性的传统服装为纱丽（图1-15），是"能裹出女性所有美态的服装"，凝聚了印度古代文化的精华，好几米长的彩绸裹在身上，能够突出女性身材的曲线美。

流行又称"时尚""时髦"，是个别现象通过社会人群的模仿心理，而形成流动传播的一种社会现象，这种审美趣味或社会思潮会在一段时间内占据主导地位。在不同的时代背景下，流行的含义不同。流行并非凭空而来，而是承载着深厚的社会基础，一般而言，流行是以社会思潮为动力的，有什么样的主流社会意识思潮就会产生什么样特点的流行。流行不单单是指某个颜色或某种款式，而是在大环境中营造的一种氛围感，主流社会意识思潮的一些外在表现形式，我们也经常称它为"潮流"（图1-16）。时尚流行服装的含义，就是我们通常所说的时尚性服装，即"时装"，就是在一段时间内靠款式、色彩或材料等因素在市场上甚为流行，被消费者普遍接受的服装。

图1-15 穿纱丽的印度女人们
（图片来源：国家旅游地理）

图1-16 复古运动休闲潮流
（图片来源：POP服装趋势网）

（九）高级定制服装与品牌装

高级定制服装（High Custom-made Fashion），源自法语Haute Couture，于1858年诞生。这一年，查尔斯·弗雷德里克·沃斯（Charles Frederick Worth）首次将设计的观念引入时装界（图1-17），并在巴黎开设了以他个人名字命名的专为

图1-17 沃斯

上层女性度身定制的高级服装店，这是历史上第一个高级定制服装店。1868年法国高级定制服联合会正式成立，它是巴黎第一个高级定制服设计师的权威组织，也就是现在的高级定制服联合会，对高级定制服装店的规模、技术条件、发布会细节等做了严格规定。时隔百年，巴黎高级定制服装店至今还遵守着这些传统。高级定制服装往往仅此一件，是艺术性与独特性的高度统一。

而品牌装则是有大、中、小品牌之分，是按标准号型成批量生产的成衣。品牌装作为工业产品，符合批量生产的经济原则，生产机械化，产品规模系列化，质量标准化，包装统一化，并附有品牌、面料成分、号型、洗涤保养说明等标识。

（十）快时尚与混搭服饰

快时尚又称快速时尚。快时尚源自20世纪的欧洲，欧洲称为"fast fashion"，而美国把它叫作"speed to market"。英国《卫报》最早提出了"麦时尚"（"McFashion"）这个新词，前缀Mc取自McDonald（麦当劳），意味着像麦当劳一样"贩卖"便宜、快速、时髦的"大众时尚"服装。麦时尚的经营哲学是"时尚是在最短的时间内满足消费者对流行的需要"，奉行"一流的形象、二流的产品、三流的价格"的经营哲学。快时尚品牌还有美国的GAP、NineWest，法国的Kookai，西班牙的MNG，英国的Topshop等。它们以低价、款多、量少为特点，提供当下最为流行的款式和元素，最大限度地激发消费者的购买欲。可以说，快时尚是全球化、民主化、年轻化和网络化这四大社会潮流共同影响下的产物。

混搭（mix and match），即混合搭配，就是将传统上不相组合的元素进行搭配，组成有个性特征的新组合体。混搭的流行源自2001年的时装界，日本的时尚杂志ZIPPER当时写道："新世纪的全球时尚似乎产生了迷茫，什么是新的趋势呢？于是随意配搭成为无师自通的时装潮流。"拼贴、混杂、组合，这些后现代词汇似乎都无法完全表现出mix and match的内涵，超越同类项的时空交错只能以本身就极具混合味道的"混搭"来诠释（图1-18）。混搭的几种基本组合有：皮草混搭薄纱、晚装混搭牛仔、男装混搭女装、朋克铁钉混搭洛丽塔长裙，混搭的渗透性几乎无所不能，原因很简单，它无须进行创新性的探索，只

图1-18　混搭服饰风格
（图片来源：POP服装趋势网）

要遵循一定原则，将若干原来不沾边的东西组合在一起即可，这种近似创新的伪创新，在模糊了界限的同时又清晰了界限。

（十一）系列化与设计灵感

系列化，"系"指系统、联系；"列"指行列、排列，是指既互相联系，又互相制约的成组配套的服装群体。系列化是指服装设计师针对某一主题、某一设计理念、某一消费群体所展开的成组的、综合的服装设计活动（图1-19）。由成组可知，系列服装的构成至少要2套，多则不限。一般把2~4套成组的服装称为小型系列；5~7套成组的服装称为中型系列；8套以上成组的服装称为大型系列。系列服装与单套服装相比更具生命力、表现力和视觉冲击力，能够很好地达到营造主题氛围、宣传企业理念、树立品牌形象、迎合特定消费群体等效果。系列化设计与单套设计相比，基本手法大致相同，只是需要考虑的因素更多。如果说单套设计主要是自上而下、由里而外纵向进行配套设计的话，系列化设计就是在这些基础上扩展了横向配套设计的内容。因此，系列化设计不仅在每套之间有着紧密联系，甚至可以交换搭配，重新组合，另外，每套设计也可单独出现，也是完整统一的。系列化的重点在于要确定好设计风格，在各套服装之间建立起兼具内在和外在的联系。而系列服装的风格又是由设计主题和设计理念所决定的，因此这两个问题是设计的前提。在此基础上，服装设计师充分运用款式、色彩、材料、细节等服装设计的基本语言，对系列中的各套服装进行统一相似性的配置及合理性的变化，使系列服装成为一个有机的整体。

图1-19 系列服装
（图片来源：POP服装趋势网）

　　"灵感"一词原本是外来宗教用语，与"天启"之意相通。在"上帝的启示"面前，灵感被赋予了一定的神秘性，事实上，灵感是人脑的一种思维性活动，它受控于人脑。用科学论来阐述，"灵感是艺术家在丰富的生活和知识积累的基础上，经过艰苦的劳动，在艺术创作中所爆发的一种高度敏捷和积极的思维活动，是形象思维中的一种升华和飞跃的心理现象。""灵感"存在于人的无意识中，一般不为人的意识所发现。它随着一定的知识积累会在一定的特殊情况下迸发，看似是瞬间的意识产生，实际上需要心理经验的长期积累。在创作过程中，设计师通常需要长久的积累、思索和工作，才能沉淀出深厚的审美经验与情感经验。这些从实践中得来的经验，很多会变成意识中时常出现和经常用到的物象，还有一部分会潜伏在设计师的无意识中，直到不经意地触及，这些看似不相关的经验在无意识中碰撞出火花，突然闪现在意识中，成为美妙的设计灵感（图1-20）。因此，设计灵感的产生就在于要在实践中不断地积累和沉淀。

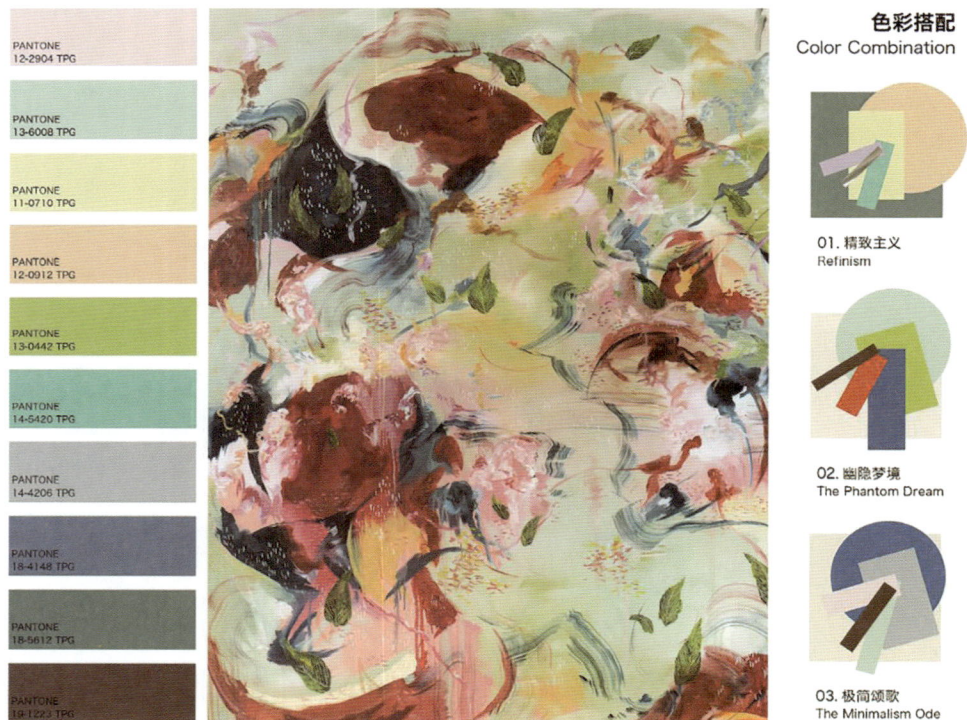

图1-20　配色灵感
（图片来源：POP服装趋势网）

（十二）时装画与服装效果图

　　时装画（fashion illustration）是以绘画为基本手段，通过丰富的艺术处理方法来体现服装设计造型和整体气氛的一种艺术形式。时装画是多元且多重的。从艺术的角度来讲，它考验美术功底的塑造和艺术氛围的营造，同时现在也有很多时装画插画师，他们注重的并非设计本身，而是在美化设计的基础上进一步强调艺术感，着重突出时装画的审美价值；从设计的角度来讲，时装画只是表达设计意图的一个手段而已。绘画功底深厚与否并不影响市场销售，重在服装产品的表达。

服装效果图是指服装设计师通过对服装造型、色彩、质感以及人物着装姿态的绘制和艺术表现来体现服装设计构思的时装画。此类风格一般比较写实，比例适度夸张，以便于客户更好地了解设计意图并提出修改意见。它直接用于包裹人体，倾向于人性化的考量，包含个性和情感等因素的展现（图1-21）。

图1-21 时装画和服装效果图
（作者：李慧慧）

（十三）服饰与服饰配件

服饰的意思是服装及装饰品（clothing and ornament）或服装及装饰（apparel and ornament）。它是装饰人体的物品总称，包括服装、鞋饰、帽饰、袜子、手套、围巾、领带、首饰、包袋、伞等。

服饰配件不包括服装，只代表装饰品。服饰配件包含在服饰之中，服饰的范围要远远大于服饰配件。

（十四）面料再造与服饰图案

服装面料再造即服装面料艺术效果的二次设计。这个概念是相对服装面料的一次设计而言的，它是为提升服装及其面料的艺术效果，结合服装的款式和风格，将现有的服装面料当作面料半成品，运用新的设计思路和工艺改变现有面料的外观风格，使面料本身具有的潜在美感得到最大限度发挥的一种设计。服装面料再造所产生的艺术效果包括视觉效果、触觉效果和听觉效果。

视觉效果指通过人的肉眼可以看见的面料艺术效果。视觉效果的作用在于丰富服装面料的装饰效果，强调图案、纹样、色彩在面料上的新表现，如利用面料的线形走势切割后重新拼接（图1-22），或利用印刷、摄影、计算机等技术手段，对原有形态进行新的排列和构成，得到新颖的视觉效果，以此满足人们对面料的要求。

触觉效果指通过肌肤感觉到的面料艺术效果。它特别强调将面料做出立体效果。得到触觉效果的方法很多，如使服装面料表面形成抽缩、褶皱、重叠效果等（图1-23）；也可以在服装面料上添加珠子、亮片和绳带等，形成新的触觉效果；或采用一些特殊的工艺来制造触觉效果。不同的肌理营造出的触觉生理感受是不同的。

图1-22　拼接形成的视觉效果
（Acne Studios丹宁拼接）

图1-23　褶皱形成的触觉效果
（图片来源：POP服装趋势网）

听觉效果指通过人的听觉系统感受到的面料艺术效果。不同面料与不同物体摩擦会发出不同声响。如真丝面料会随人体运动发出悦耳的丝鸣声，或在面料上装饰一些金属环扣和链条，增添有声的节奏和韵律（图1-24）。

服饰图案，主要为服装服务。服饰图案的广义概念是指在服饰艺术中表述精神语言及其在服装造型中体现形式美的一种基础语言。狭义概念可理解为针对服装或服饰配件进行的纹样设计，是将服饰纹样用于服饰艺术之中的一种具体的表现形式。具体来讲，服饰图案对于服装设计而言有四种主要的作用：

（1）服饰图案是服饰设计中审美及造型设计的基础，是研究、掌握服饰设计的"艺术精神""形式美法则"和研究服饰艺术的"精神本质""主题"和"表现手段"的一种特殊途径。

图1-24 金属形成的听觉效果
（图片来源：POP服装趋势网）

（2）服饰图案的造型与组织形式，是服饰面料产生的前提条件，通过对服饰图案的研究，能使服装设计者了解服饰面料设计的一般常识，掌握服饰面料的美感。

（3）服饰图案可直接作用于服装，起到美化、装饰服装的作用，如在礼服、便装、睡衣等上进行手绘、印花（图1-25）及抽纱、刺绣等工艺处理。服饰图案能够提升服装的档次，使服装具有更高的审美价值。

（4）服饰图案的色彩表现，能潜移默化地提高服装设计者的色彩修养，使设计者更深刻地理解色彩的精神内涵。

图1-25 服装印花工艺
（图片来源：POP服装趋势网）

（十五）服装心理学

服装心理学是心理学的分支之一，通过对人的着装的产生、演变过程中心理活动的研究，揭示人的衣着心理特点和规律。服装心理学的主要内容有：依存于一定社会文化条件的衣着动机，保护、遮羞、审美的发生发展规律；服装对人的心理如感觉、知觉、情感、道德感、美感等的影响和作用；不同地区、民族、信仰、性别、职业和年龄的人们相异的衣着心理特点等。服装心理学与伦理学、美学的研究有密切关系，并且在设计各种新型、美观、实用的服装，美化和丰富人们的生活，教育和培养青少年正确的审美观等方面，都有重要的实用价值。

（十六）服装设计的基本原则

1. 设计三原则

（1）经济实用原则。自从人类有了衣文化以来，人类生存的基本需求为"衣、食、住、行"，"衣"位于首位，是人类必不可少的基本需求。在物质并不丰实的年代首先必须解决"温饱"问题，"温"指的就是穿衣的必要性，它保护着我们的身体免受蚊虫叮咬、防止日晒雨淋以及保暖御寒，另一方面服装遮盖人体羞耻部位，延续着人类的衣文明进程。

服装是供人们穿着用的附着物品，它必须在各方面和它的目的性相吻合，也就是说，服装的首要功能的本质是适合人们生活的基本要求。因此，它的功能必须是可用的和可信赖的，同时人们也是有物质承受能力的，"价廉物美"就是对服装的经济实用原则比较好的概括。

（2）商品性原则。现代服装市场不断推出流行产品。商家利用各种媒体宣传，用各种营销手段展示新作品。目的只有一个，就是刺激消费。让消费者接受和认同设计作品，达到最终的商业目的。美国的罗维是一个高度商业化的设计家，对于他来说，重要的不是设计哲学、设计观念，而是设计的最终经济效益。他说过："美丽的曲线是销售上涨的曲线（There is nocurve so beautiful arising sale graph）。"

服装设计不仅是单纯的美学原则或设计理论的哲学，其商品性也不容忽视。能够得到社会的认可，创造效益，符合大多数人的消费愿望，是现代服装设计的理想目标和追求。

（3）功能和效用原则。服装设计与人们的生活息息相关。人们需要使用设计的手段来使服装穿着更加舒适和漂亮。因此，跟随我们生活质量的变化，服装的功能和效用需求也在不断提高。尤其体现在使用高科技的手段改变纺织材料的物理特性来适应现代人的生理和心理需求，以及适应环境和主流艺术潮流的需要（图1-26）。

2.TPWO 原则

所谓TPWO是借用英文中time、place、who、object这几个单词的首字母大写形式，用来表达从事服装设计所要遵循的基本原则。其中time表示时间，place表示地点，who表示主体、着装者，object表示目的。

（1）time（时间）。简单地说不同的气候条

图1-26　功能性服装
（图片来源：POP服装趋势网）

件对服装的设计提出不同的要求，服装的造型、面料的选择、装饰手法甚至艺术氛围的塑造都要受到时间的影响和限制。同时一些特别的时刻对服装设计提出了特别的要求，如毕业典礼、结婚庆典（图1-27）等。服装行业还是一个不断追求时尚和流行的行业，服装设计应具有超前的意识，把握流行的趋势，引导人们的消费倾向。

（2）place（地点）。人在生活中要经常处于不同的环境和场合，均需要有相应的服装来适应不同环境。服装设计要考虑到不同场所中人们着装的需求与爱好以及一定场合中礼仪和习俗的要求。比如，一件晚礼服与一件运动服的设计是迥然不同的。晚礼服适用于华丽的交际场所，它符合这种环境的礼仪要求（图1-28）；而运动服出现在运动场合，它的设计必然是轻巧合体且适合运动需求的（图1-29）。优秀的服装设计必然是服装与环境的完美结合，服装充分利用环境因素，在背景的衬托下更具魅力。

图1-27　婚纱　　　　　图1-28　晚礼服　　　　　图1-29　运动装
（2023春夏婚纱礼服时装周）（图片来源：POP服装趋势网）（图片来源：POP服装趋势网）

（3）who（主体、着装者）。在进行服装设计前，我们要对人的各种因素进行分析、归类，才能使设计具有针对性和定位性，服装设计师应充分考虑到着装者的体型、性别、肤色、性格、职业、文化背景、受教育程度、艺术品位以及消费能力等方面，充分了解着装主体，进行有针对性的设计，这样设计出来的服装才能被消费者所接受（图1-30）。

（4）object（目的）。人是服装的主体，同样也是服装设计的中心，而不同的穿着目的，也应在服装设计过程中有所体现。与顾客会谈、参加正式会议等，衣着应庄重考究；出席正式宴会时，应穿中国的传统服饰或西方的晚礼服；与朋友聚会、郊游时，着装可以以舒适为主。

图1-30　服装设计作品一
（作者：韩可欣）

（十七）服装艺术与服装设计的目的

　　服装艺术是指人类使用一定的装饰品来对自身进行美化的一种艺术。服装美化的目的在于塑造审美形象，对人体扬长避短，遮瑕显玉，更好地满足人们的物质生活和精神生活的双重需求。俗话说，"人靠衣裳马靠鞍"，这说明作为自然属性的人体需要在服装的包装中，体现出人的社会性和文化性。

　　设计design一词来自拉丁语的designare、意大利语的disegno、法语的dessin的三者融合，最早源于拉丁语designare的de与designore的组词。工业革命以后，design成为一个既语义丰富的名词，又包含内容广泛的活动过程的动词。现代设计作为人类运用创意智慧和科学技术的造物活动，从拉斯金和莫里斯的艺术手工艺运动，到1919年在德国建立第一所现代设计学校，直至今天信息时代追随后现代人性化设计的一百多年中，设计的最终目的都是不断探索怎样满足最优化的人的需求，强调的是满足他人的需要。

二、思维认知类

　　人类的一切发明创造活动，都离不开思维，思维能力是学习能力的核心。学习的过程，其实就是建立新连接的过程，不断用已有的知识去连接新的事物，产生新的认知。思维决定认知，认知决定格局，充分掌握以下概念，才能将设计产品与市场和用户需求相匹配，创造出具有生命力的符合新时代和大众审美需求的创意设计。

（一）设计与认知度

　　设计是指把一种设想通过合理的规划、周密的计划，用各种方式表达出来的过程。

人类通过劳动改造世界，创造文明，创造物质财富和精神财富，而最基础、最主要的创造活动是造物。设计便是对造物活动进行预先的计划，我们可以把任何造物活动的计划技术和计划过程理解为设计。

认知度指的是大众对于物体的整体印象，例如，品牌认知度。品牌认知度是品牌资产的重要组成部分，它是衡量消费者对于品牌内涵及价值的认识和理解度的标准。品牌认知度是公司竞争力的一种体现，有时会成为一种核心竞争力，特别是在大众消费品市场，各家竞争对手提供的产品和服务的品质差别不大，这时消费者会倾向于选择更为熟悉的品牌。

（二）认识论与方法论

认识论（epistemology）即个体的知识观，是个体对知识和知识获得所持有的信念，主要包括有关知识结构和知识本质的信念和有关知识来源和知识判断的信念，以及这些信念在个体知识建构和知识获得过程的调节和影响作用，长久以来一直是哲学研究的核心问题。

方法论是关于人们认识世界、改造世界的一般方法的理论，是人们用什么样的方式、方法来观察事物和处理问题。人们关于世界"是什么""怎么样"的根本观点，形成了世界观，而用这种观点作指导，去认识世界和改造世界，就形成了方法论。它是普遍适用于各门具体社会科学，并起指导作用的范畴、原则、理论、方法和手段的总和。

（三）感性思维与理性思维

感性思维主要靠的是以自己的经验和直觉去思考和判断。感性思维活动包含感觉、知觉、感性概念、本能思维倾向、习惯思维、联想、想象、情感活动、直觉、定量的度量、模糊的范畴思维、创造性思维。感性思维的特点是自然形成、敏感、自发产生、自动执行、孤立片面、分散并行。

理性思维主要是靠已经掌握的科学方法去思考和判断。理性思维活动包含语言形式的概念、概念的分类、定性思维、范畴思维、逻辑隶属关系、因果推理、过程流程的思考和规划、数学与拓扑/集合/立体空间演算、色彩/旋律/布局的协调性、周期规律、清晰划界、语言组织和传播。特点是人为定义与划分、知识成体系性、形式化、可推理性、突出相互联系和相互制约关系、可传播性、可理解性。

理性思维与感性思维是相互衔接的，就像植物的根与冠，并不是两个孤立的存在。动物也有感情，也会有"喜怒哀乐"的感性表现，但绝对不会使用"演绎归纳"等理性思考方法。地球上只有一种生物具有理性思维的能力，这就是"人"。从感性思维到理性思维的进步，是几十亿年来地球上生物进化的最高结晶。感性和理性是支撑思维的两大支柱，两者相互克制，缺少了哪一方面都不能构成完整的思维活动。

（四）逻辑与系统

所谓逻辑，就是规律、规则。狭义上，逻辑是指思维形式和规则；广义上，逻辑是指客观事物的规律性，某种理论、观点、行为方式，思维的规律和规则，一门学科，即逻辑学。马克思主义哲学认为，劳动创造人，人通过制造工具开启了人类的理性觉醒。所谓工具，就是当人们想要达到一种目的时，需要解决人与物的普遍联系问题，这种普遍联系的思维表达就是"逻辑"，逻辑的理论化就是"理念"，而"逻辑和理念"的物质化，就是工具。工具，是人的逻辑思维的具体化显现。

系统一词来源于英文 system 的音译，即若干部分相互联系、相互作用，形成的具有某些功能的整体。中国著名学者钱学森认为，系统是由相互作用、相互依赖的若干组成部分结合而成的，具有特定功能的有机整体，而且这个有机整体又是它从属的更大系统的组成部分。

（五）认识与体验

认识是认知知识，即人脑反映客观事物的特性与联系、并揭露事物对人的意义与作用的思维活动。从广义上讲，认识包含人的所有认知活动，即为感知、记忆、思维、想象、语言的理解和产生等心理现象的统称。认识是一种信息加工过程，可以分为刺激的接收、编码、存储、提取和利用等一系列阶段。从狭义上讲，认识有时等同于记忆或思维。认识包括感性认识与理性认识，两者相对。感性认识是客观事物直接作用于人的感觉器官在大脑中产生的反映形式。它是认识的初级阶段，包括感觉、知觉和表象等。其特点是直接性、生动性和具体性。要获得感性认识，必须亲自参加社会实践，直接接触客观事物。感性认识是认识的来源，是理性认识的基础。但它只认识事物的表面现象（如形状、颜色、声音、温度和气味等）和外部联系，尚未达到对事物的内部联系和本质的认识，因此有待于发展提高到理性认识阶段。感性认识和理性认识是认识过程中两个不可缺少的阶段，二者相辅相成，必须使它们在实践的基础上统一起来。

体验又称为体会，通过实践来认识周围的事物，留下印象。体验到的东西使人感到真实、现实，并在大脑记忆中留下深刻印象，使人可以随时回想起曾经亲身感受过的生命历程，也因此对未来有所预感。该词语出自《朱子语·卷一一九》："讲论自是讲论，须是将来自体验。说一段过又一段，何补……体验是自心里暗自讲量一次。"

（六）设计思维与服装设计思维

设计思维是一种以人为本的解决复杂问题的创新方法，它利用设计者的理解和想象，将技术可行性、商业策略与用户需求相匹配，从而转化为客户价值和市场机会。作为一种思维的方式，它被普遍认为具有综合处理能力的性质，能够理解问题产生的背景、能够催生洞察力及解决方法，并能够理性地分析和找出最合适的解决方案。

服装设计思维是设计思维的一个分支，以服装为主体，以设计思维为主线，融合了服装设计理念、原理、知识和技能。服装设计思维是服装设计行为的内在驱动力，主要体现在形象性、创造性和意向性三个方面。

（七）辩证唯物主义三大规律

辩证唯物主义三大规律是指对立统一规律、质量互变规律及否定之否定规律。对立统一规律是指矛盾的观点，事物是一分为二的，其内部矛盾是事物永恒发展的内在动力，矛盾又有重点论和两点论，要我们既要抓住重点又要能够分清主次，两手都要抓两手都要硬。质量互变规律是指事物由量的积累到质的飞跃，只有经过量的积累才能达到质变的程度。否定之否定规律则是说明了事物发展的内在动力，新的事物必然要代替旧的事物，但是事物的发展并不是一蹴而就的，而是一个螺旋上升的过程，正所谓道路是曲折的，前途是光明的。

在服装设计中，了解三大规律对学习非常有帮助。在设计过程中，利用对立统一规律，既要抓住设计中的重点环节，分清主次关系，完善设计的不足，也要能够抓住设计中的次要方面，为设计作品增添更多亮点（图1-31）。了解质量互变规律，可以了解到学习设计的过程是要经过积累的，要经过大量的实践练习，才能从量变达到质变。了解否定之否定的规律，可以了解到学习设计的过程不是一帆风顺的，是要经过失败又成功，是一个螺旋上升的过程，只有经历过这些才能成为一名优秀的服装设计师。

图1-31 服装设计作品二
（作者：孙欣晔、孙路苹）

（八）传统思维模式

传统思维模式是指中国特有的传统思维，在所有的中国传统思维模式中，整体思维和辩证思维是中国传统思维中最具特色、最有影响力的两种。

整体思维将天地与人以及人的所有造物看作一体，认为所有的延伸都是从"一"开始，各要素之间存在着联系。《道德经》开宗明义说道："道生一，一生二，二生三，三生万物。"认为世间万物都是一个系统，是从"一"出发，衍变世间万物。在《庄子·齐物论》中也有提道："天地与我并生，而万物与我为一。"也是说天地与人之间是同属一个系统之内的。这种整体思维在服装设计中就是令服装与自然天地和谐统一，讲求自然天性，服装要能与人的身体、自然环境及社会处于一个统一的整体当中。

而辩证思维讲求的是运用对立统一的原理来认识、分析各种变化的事物以及自然中的现象。老子是对立统一原理的集大成者，"万物负阴而抱阳""祸兮福之所倚，福兮祸之所伏"就是其对立统一思想的体现。中国传统思想中的对立统一更强调统一与和谐，这一点不同于西方对立统一的哲学理念，在西方的对立统一原则中，更强调斗争的部分。而将对立统一的辩证思维放在服装设计中，则是要在对立中追求统一，利用造型、色彩、材料上的冲突，制造和谐统一的感官体验（图1-32）。

传统思维模式博大精深，是中国古代遗留下来的宝贵遗产。我们在学习过程中要抓取重点部分进行理解，多练习，多实践。传统思维模式中的整体思维和辩证思维都是经过实践检验的，是在中国历史中绽放光芒的宝贵思想财富。

图1-32　服装设计作品三
（模特：曲艺彬）

（九）创新思维模式

创新思维模式指的是以创造创新为核心的思维模式及方式方法。对于设计师而言，创新思维能够帮助设计师摆脱思维定式，以全新的视角去看待和理解事物的本质与精神内涵。

常见的创新思维模式有逻辑思维、逆向思维、形象思维等，这些都可以对创新创意有所帮助。创新的过程中往往会面对三种思维问题：思维定式、思维偏见、思维封闭，这三种思维方式是创新创意过程中最常遇到的阻碍，也是解决难以进行创新创意的关键。思维定式会使人的认知固化，习惯性依赖过往的认知，形成包含个人倾向性的判断，从而影响正确的判断。因此，要摆脱思维定式需要明确认知，通过逻辑思维来分析问题，以科学的手段做出正确的判断；思维偏见会影响设计师的决策，进而影响倾听和学习他人的能力，设计师的表达会因此出现偏差，在与客户沟通时会更加集中于自我，从而忽视客户真正的需求。当出现思维偏见时，可以运用横向思维进行思考，从多方面、多领域来吸收借鉴各类事物的闪光点，以全面、谦虚的态度去学习；思维封闭下会认为人的才能是与生俱来的，当设计师面对问题时，不会去思考解决问题的方法，而是局限于问题出现的原因，进而陷入纠结的状态，怨天尤人。思维封闭的情况下，首先要能够以积极、乐观的心态去面对问题，利用发散思维解决问题，多角度地观察问题出现的原因，不断克服困难。

创新思维模式是人们为了应对无法进行创新活动而开创的思维模式，这种模式以实践为前提，在实践过程中遇到需要创新的部分，就可以运用创新思维所提供的方式方法来解决。创造力的发挥需要有宽松的环境、足够的知识和解放的思想，这三者缺一不可，创新思维模式只是提供了方法，每个人都有自身的特殊性，要进行创新活动仍需长期实践的检验。

（十）直接经验与间接经验

直接经验与间接经验，是知识结构的两个部分。直接经验是一个人通过实践亲身经历所得来的知识。间接经验是从他人或书籍中获得的知识。直接经验与间接经验都是人获得知识的途径，二者相互结合是服装设计学习过程中的有力手段。

辩证唯物论首先强调了直接经验的重要性，认识来源于实践，只有通过实践才能得来第一手资料，也只有直接经验能够获得真知。但对于一个人而言，直接经验的获取是有限的，人没办法直接体验一切事物，这时就需要间接经验的参与，间接经验提供了前代人的宝贵知识，通过间接经验，人们可以迅速了解并掌握新的知识，但是间接经验的不足在于它不是通过实践获取的，之前的时代背景对比现在有很大差异，所以对间接经验的吸收利用仍需从实践中获取。

设计师在学习知识的过程中，应该将直接经验与间接经验相结合，既通过直接经验获得真知，也利用间接经验获取更多的知识，二者都要统一在实践之下，通过实践检验间接经验，将其加工改造成更符合实际情况的知识。

（十一）实用主义与理性主义

实用主义是指一切都以功能以及效果为标准，不考虑抽象的概念，而是以具体实际为主，强调行之有效的行动准则。理性主义是指人的理性可以作为知识的来源，认为人可以通过理性掌握一些基本原则，再通过这些原则推理出新的知识。

在服装设计当中，实用主义观点与理性主义观点并非对立，而是根据设计内容的不同来决定从何种角度看待问题，实用主义的观点可以应用在成衣设计方面，以经济效益为先，以市场反响为基准。而理性主义的观点可以应用在服装设计相关知识的学习过程中，通过学习基础的关于设计的知识，进而延伸到学习服装设计的相关知识，对于理论方面的内容也会有更深的理解。

（十二）设计思维的科学性

设计思维的科学性是指，设计思维经过实践检验，是一种客观实际，并不是一种想象的存在。设计思维并不是固定存在的，它会随着时间的变化而产生新的变化，所以设计思维的科学性也包含对设计思维的批判，这是检验设计思维客观性的有力手段，也是科学性的体现。

设计思维的科学性体现在设计过程的方方面面，设计思维旨在解决问题，作为一种思维方式，它具备综合处理问题的能力，从问题的根源出发，以理性的方法论找出解决问题的方法。在服装设计中，设计思维是必不可少的，从灵感获取到成衣制作，都需要设计思维的参与。本书介绍的多种设计思维的具体技法以及训练方式，都是以如何解决设计中存在的问题为导向进行的。设计师在理解问题之后，利用合适的方式方法，激发灵感，产生新的构思，最终达到新的创新高度。

（十三）点状思维与线性思维

点状思维是一种片面的思维方式，意思是只看到事物的表面而不去关注事物的本质，在面对一些相同的问题时，无法看出其相同的本质问题，只是看出表面的不同，完全没有使用之前解决类似问题的经验。点状思维不利于问题的解决，容易拿以往的经验生搬硬套，缺乏创新性。线性思维则与之相反，不从事物的本质出发，而是从事物的抽象出发，以事物的抽象性作为思维出发点，是直线直观的思维模式。线性思维很容易沉陷其中，虽然线性思维更容易集中注意力，但是在设计过程中，单纯的线性思维非常不利于问题的解决，可能会造成僵化的设计。

在服装设计中，点状思维和线性思维都是需要尽量去避免的两种思维模式，在设计过程中，在对以往的设计作品进行借鉴时，要注意是否运用了点状思维来看待设计问题，不能只考虑之前的设计作品优秀，就生搬硬套，而不去关注现今的设计环境及审美潮流。而在进行灵感启发和具体设计时，就要考虑是否只是简单直接地思考设计的过程。在设计时，想摆脱点状思维和线性思维，就要以开放的思维、辩证的思考来观察事物，思考问题。

（十四）格局与设计创意

格局是指对事物的认知范围，一个人对事物的认知越全面、越宽阔，就会具备更大的格局。设计创意是指将创造性的思维通过设计的手段进行表达，令创造性思维更加具象。当需要设计创意时，大格局更能够以更为全面、系统的视角看待设计问题，格局大会令个人的视野更加开阔。对于服装设计师而言，提升格局可以看到服装作品更多的可能性，赋予设计作品更多的内涵（图1-33）。

提升格局的方式很多，对于服装设计师而言，首先要提升自我，放平心态，专注于眼前的事；其次要抱着学习的心态看待他人的作品，从中汲取养分；最后保持积极乐观的心态，在设计过程中感到愉悦，迸发出更精彩的创意。

图1-33　服装设计作品四
（模特：曲艺彬）

（十五）双向设计思维

在双向设计思维中，"双向"指的是纵向和横向，在设计过程中纵向代表了思维的深度，横向代表了思维的宽度。

双向中的纵向旨在以专业理论为先，深化理论知识体系，深度了解服装的知识及文化内涵，用当今时代的视角思考服装设计的方方面面。横向则立足于服装学科，融入心理学、美学、营销学等其他学科的相关知识，拓宽设计思维，广闻博见后在设计中"增其需、删其余"。服装设计师可以通过"双向"提升基础设计能力。

第二节　服装设计思维过程

服装设计的思维过程不是一蹴而就的，它是一个循序渐进的过程，在这个过程中要求设计师能够通过有关服装的理论体系形成带有设计者思想的整体思路，然后进行大量的实践活动进行检验，通过对理论与实践的结合对服装设计进行思考与把握，最终形成完整的设计方案。

一、服装设计思维的起点

　　服装设计思维的起点并不单一，主要由设计师根据要求以及选择的不同而产生不同的起点，设计师的个性特征以及客户的要求都会令设计师产生不一样的设计起点。首先最为常见的是设计师由自身灵感而来的设计动因，设计动因因设计师自身的条件以及资源储备的多少产生不同的变化，设计师通过大脑进行主动思维的能力，将原本常见的元素在大脑中进行重组，产生新的设计灵感，即设计师的设计动因。设计动因与设计师的知识储备直接挂钩，优秀的设计师不仅会将时下流行的服装因素作为灵感来源，也会将其他相关的因素化为自身创作的源泉，包括音乐、舞蹈、宗教、建筑等艺术相关领域的内容。例如，日本设计师三宅一生以纸为源，将纸的特点延伸到服装上，将褶皱化为设计师自身独特的语言，同时将这种灵感扩散，房屋建筑等诸多因素都成为三宅一生的设计动因（图1-34）。如何产生设计动因，就在于设计师能够从细微之处感受生活，将日常所常见的素材化为设计的养料。

图1-34　三宅一生设计作品

　　除了设计师本身的设计动因，设计策划也是服装设计思维产生的原因之一，设计策划是带有目的性的，它规定了设计师从哪一方面出发进行设计。这时所要求的就是设计师要在策划主题的范围内进行设计，如当下所流行的简约主题，设计师在这种设计策划下就要以简约为中心打造服饰，一些繁复的花纹元素就要舍弃，以表现服装的流畅、灵动为主（图1-35）。而当以复古为策划主题时，设计师就要从以往的流行元素中进行考量，同时还要考虑当下消费者所能接受的程度进行复古设计，而这时设计师所要呈现的设计风格就是以华贵、厚重为主。设计策划通过对主题的要求规定了设计师的思考范围，但也明确了设计师作为服装设计思维的起点。

　　设计目的同样属于服装设计思维的起点，设计师的作品除了是"时装设计"，还应该是"成衣设计"。时装设计可能会以设计师本身的设计直觉作为主要因

图1-35　简约主题表现服装的流畅
（图片来源：POP服装趋势网）

素，缺乏一定的设计目的，但是成衣设计一定要以理性思考为中心，一定有一个明确的设计目的，当一件服装的设计目的是以市场作为导向时，其最初的服装设计思维的起点就应该以消费者的立场为导向，那么设计师在最初进行思考时就要考虑好服装的利润、客户定位、款式与当下市场流行的是否一致、实用价值等诸多方面，设计师的设计作品要满足以上要求才能够进行生产。设计目的很大程度上明确了设计师的思维导向，尤其是对于成衣设计来讲，只有在满足设计目的的情况下进行设计才能够进入之后的制作和生产等环节。

　　设计要求通常是要求设计师进行某一方面的设计，设计要求将设计范围固定化，因此也是服装设计思维的起点。以职业装为例，当客户要求是酒店前台职业装时，设计师就要从限定的条件下手，在设计时要以当下时兴的酒店前台职业装为蓝本进行设计，要以突出前台工作人员的干练、热情为设计核心，不能将服装设计得过于休闲或是过于烦琐，以至于影响服务人员的工作效率（图1-36）。设计要求规定了设计范围，设计师要做的是在满足基本设计要求的同时将自身的设计创意添加进去，在细节处体现设计师的能力与水平。

图1-36　酒店前台职业装
（作者：徐慕华）

　　服装设计思维的起点并不单一，服装本身是为人服务的，因此产生服装的目的也多种多样。有的服装要满足的人体的生理需求，如防寒御冷、保温保暖等，有些工作可能会对人体产生伤害，要求防火、防风、防辐射等，还有的服装是以社会生活为目的的，这时服装所要考虑的是装饰趣味、道德礼仪、群体身份等因素，目的不同就会令服装设计思维的起点不同。例如，消防员的服装，就要耐火、耐热并且能够隔热，在面对火情时，消防服要能够对消防员的上下躯干、头颈、手臂、腿进行热防护，并且头部、颈部、胸部的设计要能够既保证呼吸顺畅，又具有气密性。不同的工作需要不同的设计方向，有的工作要接触腐蚀性强的材料，这种情况下的服装还需抗腐蚀，目的不同，设计的手段与方向就会不同。

二、服装设计思维的实践

在对服装设计有了初步的思路与想法之后，就要通过实践对设计思维进行检验，服装设计思维的实践过程就是服装设计制作的过程，在这个过程中要明确目标，条理清晰地一步步往前推进。

（一）资料搜集

在进行正式的设计之前，要有充足的材料为设计师提供创意，充足的资料可以使设计师更加游刃有余地解决设计问题，帮助设计师快速进行定位，把握设计的核心要素。可以搜集其他设计师的作品，从中汲取经验，也可以从自然中汲取灵感，借鉴自然中的颜色、图案，将其运用在服装设计中，也可以从其他的学科进行搜集，如文学、建筑、绘画、书法等，都可以为设计师提供灵感。总之在设计之前要从多方面搜集资料，资料越全面，设计过程就越顺畅（图1-37、图1-38）。

图1-37　廓型资料收集

图1-38　图案资料收集
（图片来源：POP服装趋势网）

（二）设计效果图绘制

设计师要进行全方位的考虑，将之前未能深入考虑到的配饰、色彩、结构、服装整体效果等进行逐一表现。效果图的绘制过程，不是把最初设计思维的构想进行简单的表现，而是对设计思维整体深入地探索。

（三）材料准备

材料是服装的三大要素之一，对服装造型、服装机能都有着最直接的影响，材料的选取对服装的色彩、风格以及性能等方面都有着很大的影响（图1-39）。在选取材料时，要考虑服装的使用价值，首先能够满足保护身体的基本功能，满足人们日常生活的需要。其次要能够根据特定的款式进行搭配，给穿着者美的体验（图1-40）。

图1-39　服装面料
（图片来源：POP服装趋势网）

Jil Sander
醋酸黏胶斜纹
涤纶仿丝绸
棉感尼龙仿丝绸
100%丝
FENDI

Heliot Emil
Lola Casademunt
Gabriele Colangelo
Roberto Cavalli
Christopher Kane

图1-40　局部金属装饰
（图片来源：POP服装趋势网）

（四）结构设计创意表现

服装结构的作用一方面能够让服装更加合身，令身体更加方便地进行活动，展现形体美感；另一方面就是能够更加灵活地进行局部细节的塑造。设计师在此阶段就要进行结构设计的创意表现，根据服装创意的需要，塑造不同形式的局部细节，并且为工艺制作做好前提准备（图1-41）。

图1-41 曲感门襟设计
（图片来源：POP服装趋势网）

（五）工艺制作

要根据不同品种、款式和要求制作加工出合适的服装。现如今技术手段愈发丰富多样，工艺和顺序也变得更加复杂，设计师要根据自身的服装设计需求搭配合适的工艺制作方法（图1-42）。在工艺制作阶段要注意进行反复测试，先用小块的面料进行试验，当工艺手段能够达到理想状态再进行正式制作。

（六）作品展示

服装设计最终需要人体来展示，这也正是服装设计的目的之一。一方面，设计师要进行服装静态展示，搭配好空间结构、光源色彩、配饰组合等方面，设计师在设计好服装后，还要将设计理念传达给观众，合适的场景组合能够更有效地传递设计师的设计思维。另一方面，设计师还要进行服装的动态展示，动态展示要求设计师将服装与人体结合后进行活动展示，应注意根据服装主题的不同搭配出与主题相符的场景（图1-43）。

图1-42 手工钉珠工艺
（图片来源：POP服装趋势网）

服装设计思维的实践需要设计不断推进，在每个环节都能做出有效合理的布置，同时将理论与实践相结合，解决实际过程中所存在的问题，最终达到理想的设计效果。

三、服装设计思维的提升与再设计

设计思维的提升有两个途径：一是在实践中提升，设计师经过实践，从设计过程中汲取相应的经验教训。在服装设计过程中，会遇到许多现实问题，如设计效果图的表现力、工艺制作的手法没有达到理想效果，面料的选择与想象中存在很大出入等。这些问题，都是可以在实践中得到解答的，设计效果图可以向前辈大师进行学习，在绘制的过程中积累经验，往更符合自身绘画特点的方向发展。工艺制作可以选择当前条件下更符合自己设计效果的，不一味追求精致华丽的面料，而是选择更能体现自己设计理念的面料。通过实践过程，获得符合实际的智慧。二是在间接中提升，在间接的理论学习与感悟中提升自己的认知度，通过必要的教育与培训获得专业知识与专业技能。这就是古人常说的"行万里路"与"读万卷书"的关系问题，它强调理论与实践同等重要，是事物发展变化的两个方面。

图1-43　服装动态展示二
（模特：董薇）

设计师在进行设计活动时，所有环节并不是只经历一遍就能完成的，而是经过反复推敲，逐渐完善的。在设计活动过程中，刚开始的创作往往比较稚嫩，这并不代表设计是失败的，还要经过第二次设计、二次创作，进行再构思、再完善，经过反复打磨方能使设计创作更加成熟。在这个过程中，设计师因对第一次的设计与成品制作有了体验与感悟，就能在第二次的再设计过程中查漏补缺，将原本未想到的或是更好的设计思路应用得当。

设计师除了在设计中获得体验与感悟外，还应该大量汲取理论知识，设计理论能够指导设计师做出正确的抉择，但是设计师必须从实践中检验这些理论，在实际应用过程中对理论知识进行吸收，从实践中来到实践中去。例如，设计理论中提到观察力是提升设计思维能力的有效手段，设计师在学习之后也有所了解，但是在这个过程中设计师必须亲身去观察身边的事物，"观人于微""观事于微""观物于微"，并将观察得来的启发运用在自己的设计作品上，才算是真正掌握了这项知识。

　　科学的设计思维必须是以完成预设目的为考核标准的，设计是为人设计，设计不是艺术，艺术可以只表现自我感受，但设计不行。科学的设计思维就是在设计中扬弃，对于设计不断地改良与完善，是辩证的与时俱进。

　　服装设计思维的提升与再设计就是理论与实践的问题，学习理论要在实践中进行检验，正确的理论从实践中来又回归于实践，这个过程知易行难，实践过程中的挫折与磨难既是阻挠进步的绊脚石，又是提升自我关键的磨刀石，这个问题唯有立即行动才可以得到解答。

四、服装设计思维的表达形式

　　服装设计所反映的是设计师自我观念的抒发和思考探究的过程。设计师在长期的设计实践中逐渐认识了设计对象与客观环境之间的各种联系，逐渐熟悉设计规律，从而形成一定的设计思维形式。在设计过程中，各种思维形式相当活跃，会产生积极的影响。

（一）设计思维的语言表达形式

　　设计思维需要设计师通过语言进行描述，这是表达设计师设计思维最为直接的途径，但面对不同的场合会有不同的语言，这是因场合不同受众也不同而产生的。例如，在召开新的服装发布会时，面向的是广大的消费者群体，这时设计师所表达的就是服装在倾向于消费者群体的那一方面（图1-44）；在同为服装设计师的展会上，设计师所表达的设计思维就更加专业化，同时更加体现自身创新创意的部分（图1-45）；在面向客户时，

图1-44　设计倾向于消费者群体
（图片来源：POP服装趋势网）

图1-45　设计倾向于设计师群体
（图片来源：POP服装趋势网）

设计师要表达的就是服装如何更能适应客户需求的部分。设计师设计思维的语言表达最为直接，但是语言表达也会因场合不同而有不同的侧重点。

（二）设计思维的行为表达形式

首先，设计师本身的行为也能表达出自身的设计思维，设计师通过自身的服装穿搭表现出独特的气质，像是卡尔·拉格菲尔德（Karl Lagerfeld），墨镜、手套、西装、马尾都成为自身设计思维的表达形式（图1-46）。设计师通过设计作品传递设计思维是最常见的方式之一，设计作品包含了设计师的全面思考。在某些场景下，设计作品的呈现甚至比语言更具有说服力，设计作品也能更直观地体现出设计者所具备的独特魅力。设计师通过服装秀场进行表达，服装秀场中的设计是动态的，凭借人的身体进行展示（图1-47），通过秀场所传递的设计思维，体现了设计师对于人体形态美以及服装结构美的把握。设计师用静态服装陈列体现了设计师对于服装的

图1-46　卡尔·拉格菲尔德

图1-47　服装动态展示三
（图片来源：品牌Kappa）

理想化表达，例如，以中国风为主题设计的旗袍，在静态陈列展示时搭配上花卉、虫鸟、印章、笔砚等带有中国传统的元素，就更能衬托出服装本身的美感所在。除此之外，只要是与设计师的设计活动联系紧密的行为，都可以视为设计思维的行为表达。

（三）设计思维的平面图形表达形式

设计师的设计草图包含了设计师最初的设计构想，这同时也是设计思维最直接的表达形式，设计师通过草图进行初步构思，完成对设计想法的初步探索，因此设计草图也可看作设计师平面图表达形式之一。服装设计效果图是平面图表达形式中最主要的形式之一，首先服装设计效果图能直观地展现设计师的设计思维，设计效果图能够展现出更多的设计细节，是设计师想法的理想化呈现，在很多设计竞赛活动中，由于大多服装制作过于复杂，并且无法展现出完整的效果，所以使服装效果图成为评判的标准，这也令服装效果图的重要性进一步增加，服装效果图也成为学习服装设计过程中的重要环节（图1-48）。服装绘画艺术也同样属于平面图表达形式中的一种，不同于服装效果图，服装绘画艺术更加着重强调服装在纸面上的呈现，除了要考虑服装搭配上的种种因素，也要考虑服装绘画过程中所要应用到的构图、颜色搭配、造型等绘画中的因素，在完善服装绘画艺术的过程中，甚至可以减弱一些效果图中所必需的细节处理，让整个作品更

图1-48　服装效果图
（作者：李慧慧）

加具有美感（图1-49）。服装图案设计同样属于设计思维的平面图形表达形式，服装图案的主要作用是为服装提供装饰，服装图案在符合人们的审美体验的同时，还要能够应用在服装上，图案能够反映出风格化的特点以及时代审美风格（图1-50），现今服装中的图案应用更加广泛，服装图案作为设计思维的平面图形表达形式也更加常见。服装平面广告设计也属于设计思维的平面图形表达形式的一种，平面设计广告要能够展示出产品吸引人的点，模特、文案、服装的搭配都是要考虑的因素，同时，要注意服装平面广告并不是展示服装的具体功能以及细节，而是做出足够优质的画面效果，在时尚杂志中多能看到这类内容（图1-51）。

图1-49　服装绘画艺术
（作者：李慧慧）

图1-50　字体图案营造科技感
（图片来源：POP服装趋势网）

图1-51 时尚杂志
（图片来源：VOGUE官网）

（四）设计思维的立体构成表达形式

设计思维在进行立体构成表达时，首先要考虑的是人体，服装的造型要符合人体的体态，满足人体活动的需要，又能够体现人体的动态美和曲线美。

立体构成是设计课程的三大基础之一，它的主要目的就是帮助设计学习者建立立体空间思维，立体构成主要是研究形体在三维空间中的表达，再结合形式美法则，创造三维空间的形体结构。立体构成还同时兼顾色彩、材料、肌理等方面的学习，这些正是服装设计中的重点，设计思维的立体构成表达形式正是立体构成在服装设计中的具体应用。

设计师在进行服装设计时，往往会出现服装效果图非常出色，但是最终制作的服装却与效果图相差得多的情况，其原因就在于服装结构设计需要立体构成表达形式的参与。服装造型是复杂多样的，服装中的各个部件都是具有独立性的，如衣领、袖子、口袋等，这些独立的部件在平面图中的表现与在立体造型中的表现是完全不同的，立体造型没有完全固定的轮廓，衣服上的皱褶、曲线、重叠等面料上的特性，会给服装的造型带来非常多的变化。因此在学习服装设计的过程中，要加强对立体造型的训练，可以准备一些支撑架，然后使用各种面料来进行立体思维的训练，结合平面效果图，观察这些面料在立体状态下展示会有什么样的效果，这样的训练会带给学习者更多的感悟以及灵感。通过立体构成表达形式也可以对服装结构及服装材料有更多的认识，强化空间意识，进而理解人体与服装结构之间的联系。立体构成表达形式可以说是服装结构设计的基础和前提，因此要进行着重的训练，将设计思维与设计实践相结合，真正做到理解服装的立体构成表达形式。

立体构成表达形式，是服装结构设计思维与动手实践相结合的体现。服装的立体结构设计能够直观地表现出平面结构中无法表现的立体形态问题，且立体结构涉及强大的造型能力，能够表现出极具艺术性的视觉效果。立体形态的创造不仅依靠轮廓（即投影），更要依靠实体的"量"。对于平面形态，无论从哪个角度观察都只能看到平面，其中的形态除了随着透视有些变化外没有根本的变化，立体形态则不然，根据观察者位置的变化，可以呈现出截然不同的形态，对于结构设计者来说这种立体感需要经常培养。服装的立体构成表达形式通过多种手法组合建立起较为完整的服装空间组合概念。服装的3D设计效果表达同属于设计思维的立体构成表达形式，通过CLO、MD等服装3D设计软件可以直接达到立体的服装效果，可以根据3D软件调整面料配色以及舒适度等细节，此外还可以通过多个角度观察服装的细节，3D设计效果使服装效果的呈现更加全面（图1-52）。

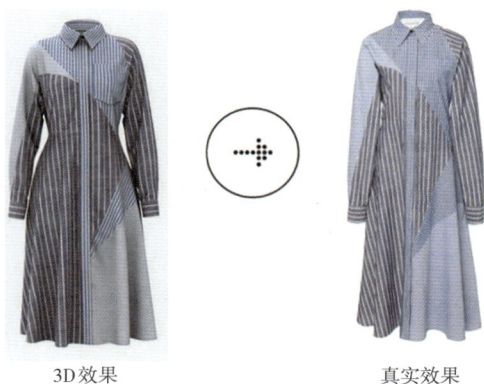

3D效果　　　　　　真实效果

图1-52　3D设计

　　服装的立体裁剪艺术也是设计思维立体构成表达形式的一种，立体裁剪不同于平面，需要将人体的厚度考虑到设计中。立体裁剪艺术将面料与人体之间的空间、尺寸、联系进行重新定位，塑造出具有立体造型的服装设计。

（五）借鉴与拷贝设计思维表达形式

　　说到借鉴与拷贝，不难想到"拿来主义"。"拿来主义"一词最初由鲁迅先生提出，最初的"拿来"是指在学习之初要敢于去拿，随着对"拿来主义"研究的不断深入，其本身的含义又扩大到拿来之后再创造。在服装设计当中，借鉴其他设计师的作品只能是基础，借鉴的过程可以大胆拿来用，但还是要在消化吸收后进行再创新，形成自己的设计风格。创新需要满足人们对于实用性与审美性需求的平衡，只"拿"是不够的，还需要不断地思考我为何而"拿"，然后在此基础上再创新、再设计。

　　设计思维表达形式中的借鉴与多形式指的是借鉴设计的内容，以不同的风格形式进行表达，例如中国传统纹样就作为图案运用在国外的品牌服装设计中（图1-53）。借鉴的内容并不一定要是服装设计的内容，任何符合设计美、潮流趋势的都可以作为借鉴的目标，在借鉴这些事物进行运用时也可以用不同的形式进行表达，如

图1-53　中国传统纹样运用在国外品牌服装设计中
（图片来源：POP服装趋势网）

款式、风格、图案、色彩等都可以用来表达，这就非常考验设计师的创新能力，即能否将借鉴的内容变成带有自身特色的设计作品。在模仿中创意表达，服装设计师就要学会从大量的设计作品中汲取养分，并且能够将这些设计师的设计风格、样式进行模仿。模仿是为了创新创意服务，两者是承上启下的关系，人的需求在变化，设计的内容也会随之变化。因此模仿的内容终究是过去的需求内容，这些内容可能在之前满足了人的部分需求，但随着时代的发展，新的需求又会诞生，在服装设计中模仿是为了学习，创新才是最终目的。综合就是创造，在时下流行趋势中有种叫作"Cosplay"的行为，Cosplay中文译为角色扮演，指的是利用服装、假发、饰品、道具及妆容来模仿动漫、电影、游戏和影视作品中的人物形象，这些人物形象的服装多种多样、千姿百态，但在仔细观察后可以发现许多已有服装的影子，如我国的汉服、日本的和服、英国的女仆装等。这些服装的特点被综合利用，表达出现今亚文化圈的精神需求，这些服装并不属于某个特定地区的传统服饰，却有着许多地区服饰独有的细节特征，这种创新创意只有通过综合的手段才能够进行，这些新的服饰极大地增强了设计师对于服装设计的想象力，综合即是创造。

五、设计思维总结

　　设计思维的目的是解决问题。一般而言，看到问题就会直接寻找解决问题的办法，但是设计思维更强调对问题进行深化，探索更多解决问题的方法途径，看待问题的角度不同，解决问题的方法就会不同。设计思维的培养也不仅来自设计行业本身，而是来自多学科、多行业，使用者也不仅局限于服装设计领域，作为一种进行创新创意的思维模式，设计思维几乎可以应用在各个领域。

　　服装设计中所有的创新创意都要以设计思维作为驱动力。设计思维是一位设计师经过专业知识的培养所形成的独属于设计师本身的设计思考模式，设计师只有在以这种模式进行思考才能摆脱客观事物的限制，超越时间与空间的约束，进而达到设计上的卓越。服装发展至今，无时无刻不在突破原有的框架，实践无止境，创新创意的方法也同样如此，所以设计思维必须能够紧跟其后。服装设计师在设计过程中所遇到的问题，都要以设计思维进行解决，深入思考问题的产生，多角度地看待问题，将设计作品不断优化。正确的设计思维会帮助设计师将设计作品推向一个新的高度，而设计师在应用以及学习设计思维的过程也应是持续的，不断克服难题，不断以新的角度看待问题。

本章小结

■ 服装设计以服装为载体，通过一定的思维过程和美学规律，将设计师的想法与设计概念、主题、时尚流行语言融合在一起，最终以物化的具象形态完成对整个着装状态的创作。

■ 服装的构成包括款式、材料、色彩三大要素。这三大要素在服装设计和成型的过程中，是相互制约又相互依存的关系。

■ 1868 年法国高级定制服联合会正式成立，它是巴黎第一个高级定制服设计师的权威组织，也就是现在的高级定制服联合会。

■ 服装设计思维是设计思维的一个分支，以服装为主体，以设计思维为主线，融合了服装设计理念、原理、知识和技能。服装设计思维是服装设计行为的内在驱动力。

■ 科学的设计思维必须是以完成预设目的为考核标准的，设计是为人设计，设计不是艺术，艺术可以只表现自我感受，但设计不行。科学的设计思维就是在设计中扬弃，对于设计不断地改良与完善，是辩证的与时俱进。

思考题

1. 时装画和服装效果图的区别是什么？
2. 简述服装设计思维的实践过程。
3. 服装设计的基本原则有哪些？

第二章
服装设计思维导入

课题名称：服装设计思维导入

课题内容：1. 从灵感导入设计思维

2. 从个体意向导入设计思维

3. 从视觉具象导入设计思维

课题时间：12课时

教学目的：掌握服装设计思维导入的三种方法

教学方式：理论讲授＋实践教学

教学要求：1. 认识服装设计思维

2. 掌握服装设计思维导入的方法

课前（后）准备：相关教案、PPT等

　　一般心理学把人的思维类型分为艺术家型和思想家型，实际上就是指艺术思维与科学思维两种类型。艺术家型善于形象思维，思想家型善于抽象思维（即逻辑思维）。设计师的工作恰恰需要两种思维相互协调才能完成，因为设计师的成果是一件具体感性的产品，不是抽象的公式或原理，这是形象思维的特点。同时，设计又必须考虑产品的功能，产品的制作条件、成本、市场效益等因素，这是抽象思维的特点。我们在日常生活中需要注重观察和积累，从不同的渠道收集素材，导入服装设计中。

第一节　从灵感导入设计思维

　　服装设计的灵感来源是多方面的，对于服装设计师而言，需要对各种艺术形式、时尚元素、民族文化科学、技术发展等充满敏感度。及时用纸笔、相机或者其他方式记录是一个良好的习惯，瞬间由灵感激发出来的设计想法或构思，是重要的设计思维导入方式。

一、文化艺术灵感

　　文化艺术可以指用声音、语言、文字、绘画、雕塑、建筑、工艺美术、书法、摄影等艺术方式表现出的文化特性。服装设计师应当从丰富的文化艺术中获取灵感、提取精髓，使之转变为符合现代人审美的创作元素，并能够合理运用于服装设计的创新中。

（一）艺术风格

　　艺术风格是指作者在艺术创作实践中所呈现出来的独特的创作个性与鲜明的艺术特色。许多艺术风格都可以作为灵感导入服装设计中。例如，欧洲的巴洛克艺术，这种艺术风格表现在服装上是奢侈、烦琐、夸张。巴洛克男装特色主要为大花边袖子、灯笼裤、紧身长袜、方头高跟鞋和三角帽等，后期还流行领饰，把一块细布打褶围在脖子上，用花边缎带扣住，这就是领带的前身。表现在女装上主要为大量褶皱和花边、紧身胸衣、刺绣蓬裙、无袖短外衣，领口边缘用花边镶嵌，或是系一小段丝绸打上花结。外出时还会披上暗色斗篷或者男式长大衣。巴洛克风格服装特别强调下半身裁剪，最为经典的设计细节是蝴蝶结，明亮又鲜红的束腰，可以使人非常明显地看出服装的夸张和华贵。羽毛、大檐帽、蕾丝、花袖等都是巴洛克的经典元素，此外巴洛克风格中常见的颜色有金色、银色、宝石般的红黄蓝绿，象征着王权、桂冠与权杖（图2-1）。服装设计师们可以将巴洛克艺术风格作为灵感导入服装中，使之成为符合现代审美的服装（图2-2）。

图2-1　影视剧中的巴洛克服装

图2-2　巴洛克艺术风格在现代服装上的运用
（Louis Vuitton 24早春系列）

图2-3　蒙德里安作品《红、黄、蓝的构成》

图2-4　伊夫·圣·洛朗设计的蒙德里安裙

（二）绘画艺术

服装设计虽与绘画的形式不同，但它们同为艺术的表达方式。服装设计从绘画中汲取灵感，吸收养分，当两者进行有机结合时，能碰撞出不一样的创意火花。

1930年，蒙德里安创作了抽象画《红、黄、蓝的构成》（图2-3）。画作中，黑色线条将画布切分成几个大小不同的矩形，巧妙的分割与组合使平面抽象成为一个有节奏的动感画面。蒙德里安以红、黄、蓝、白四种简单明快的色彩填充，理性的几何图形与感性的色彩冲撞，塑造出"冷抽象派"梦幻而现实的氛围。

伊夫·圣·洛朗开创性地将艺术引入时装，以蒙德里安的《红、黄、蓝的构成》为灵感，创作了著名的格子裙。黑线加红、黄、蓝、白组成的四色方格纹，清新明快的色彩，简单但极富张力，在模特身上呈现出艺术与时装结合的奇妙效果。这种波普风格短裙轰动一时，被称为"蒙德里安裙"（图2-4）。

二、传统文化灵感

传统文化是具有人文意味的概念，包含人类的衣食住行，这也意味着不同地域有不同的文化。由于气候、环境、信仰、生活方式的不同，导致了传统文化的差异。传统文化是多元的，设计师应当从丰富的传统文化中寻找设计灵感，在前人积累的文化遗产和审美趣味中提取精髓，运用到当今的服装设计中。中国传统文化种类繁多，如唯美的水墨画、国粹京剧、色彩斑斓的瓷器、刺绣精美的宫廷服饰等。在进行服装设计时，了解各种丰富多彩的传统文化有助于打开思维，丰富我们对于设计的想象力。

水墨画是我们中华民族绘画的精髓所在，水墨画的魅力不仅在于描绘的惟妙惟肖，更在于灵魂深处隐藏

图2-5　盖娅传说品牌在服装中运用水墨元素
（图片来源：POP服装趋势网）

的淡雅境界。当水墨画与服装面料融合，催生出的是令人陶醉、痴迷的感情（图2-5）。中国的传统绘画中小到写意花鸟画，大到泼墨山水画都可以运用在服装设计中，服装与传统绘画的融合能够碰撞出中国古典元素的火花，产生令人意蕴通畅、浮想联翩的美景。淡淡的水墨画在衣料上绚丽绽放，把中国的古典文化韵味展现得淋漓尽致。

中国传统文化元素对现代服装设计的影响和作用不言而喻，在设计上要以中国传统纹样和色彩为切入点，同日益盛行的简欧风格进行整合兼容。在纹样和色彩方面，我们不能仅仅停留在对龙、花卉、青花瓷、中国结、京剧脸谱等纹样的简单复制，而是要进一步挖掘更具有中国人文气息的元素，如中国的水墨画、皮影、织锦、刺绣、扎染等。将中国传统元素融入时代大潮中，中国传统元素的神秘与玄妙和西方时尚元素的大气和开放互相融合，互为补充，才能真正刷新全球服装界，从而推进"中国风"在世界上的流行。

三、民族文化灵感

服装设计师可从亚洲、欧洲、非洲、美洲等世界各地获取具有传统民族形式的艺术风格，其风格丰富灿烂、各具特色。民族文化可具体划分为东方风格、非洲风格、欧美风格、日韩风格等。世界各地的民族文化为服装设计提供了丰富的创作土壤，民族服装中精美的纹样、精细的刺绣以及绚丽的色彩都为现代服装设计提供了灵感源泉。

中国的民族文化，在中国各个地方的乡土地域社会中，与当地的生态环境、生活方式和文化传统密切相关。我国有55个少数民族，蕴藏着极其丰富和多彩的民俗服装文化。少数民族的服装、装饰、纹样、图案、色彩、刺绣手工技艺等经过漫长的历史演变和民族文化融合都已经成为精美绝伦的艺术品，非常珍贵，值得我们借鉴。例如，位于

中国西南地区的苗族，有一百多个支系，其服饰文化式样风格各异，且符合现代形式美的规律。另外，苗族服装具有多种传统工艺——扎染、蜡染（图2-6）、夹染、刺绣等，手工艺技术炉火纯青。

图2-6　蜡染在服装中的运用
（图片来源：POP服装趋势网）

　　民族服装经过众多设计师反复雕琢、实践，它的发展总趋势是：极度表面化的民族特征时装越来越少，以民族文化为内涵创新设计的服饰越来越多，且有多民族性融为一体的倾向。事实证明，只有多民族文化的相互融合，才能使现代服装设计艺术最终实现生命力和存在价值。从传统的民族文化中生搬硬套到服装中去是不可取的，应当合理取舍，多方面探索。

四、日常生活灵感

　　设计师的灵感来源于其对于日常生活的观察。日常生活包罗万象，能够触动灵感神经的东西无处不在，在社交礼仪中、工作过程中、休闲娱乐中、衣食住行中。但设计是否有个性，关键在于设计师对设计元素的独特诠释。日常生活中的一张海报、一次见面、一张插图都可以称为设计的灵感。现代人们无时无刻不在拿着手机，通过手机和相机去记录生活就是换一个视角看世界，会出现不同的灵感和想法。

　　设计从来不是一蹴而就的东西，不在于想法，也不在于载体，而在于坚持。灵感会在任意时候降临。一旦出现灵感，就要赶快抓住它。不断地吸收日常中积累的东西，并将它们综合起来，移植到自己设计的服装中，形成新的设计理念，才能跟上不断变化的时装世界。博物馆的服装展览为设计师提供了特别的机会，可以看到这些被保存下来的经典，许多图书馆还收藏了很多旧的时装杂志，一些时装设计师以及店铺甚至会有自己的展馆，收藏各种关于传统服饰的电影、设计师、艺术和纺织品的书籍。艺术展览、电影、电视、音乐等这些年轻人喜欢的产物都对服装设计有着很大的推动力（图2-7）。

（a）艺术展览　　　　　　　（b）电影　　　　　　　（c）音乐

图2-7　日常生活灵感
（图片来源：POP服装趋势网）

　　总之，服装设计灵感来源离不开平时多注意观察和材料的积累，人的任何感官感受都可以作为服装设计中的重要灵感来源，在设计的初期和整个制作过程中，为了制作出更具创造力的服装，设计师们需要从不同的灵感来源中寻找突破口，用独特的眼光去看待身边的事物，对自己感兴趣的事物形态、状态、图案、色彩等进行记录和观察，并逐渐养成好习惯，使之能够设计出具有持续创造力和生命力的服饰。

五、时尚元素灵感

　　服装时尚元素主要来源于国际和国内流行导向和趋势。具体可以来自市场、时装发布会、展览会、流行资讯机构、专业的报纸杂志及互联网等（图2-8）。最新的设计大师发布的作品、大量的面料信息、流行色、销售市场信息、科技成果、艺术动态等。时尚元素不断受到经济、社会、政治、文化等变革的影响，它为设计师提供了基本的设计方向。

　　设计师可以整理出当季的时尚元素，如流行色、流行款式、关键单品、材质和细节、印花和图案等，寻找这些时尚元素与服装组合的灵感，分析趋向性的时装发布，使自己的设计理念与流行同步。国内外有众多的流行趋势网站可供设计师进行灵感的搜集，如POP服装趋势网、WGSN、蝶讯网等（图2-9）。全球时尚设计网站POP根据

图 2-8　不同的灵感来源
（图片来源：POP 服装趋势网）

图 2-9　服装趋势网站分析的 2023 年大衣廓型趋势
（图片来源：POP 服装趋势网）

各大时尚秀场分析预测2023年的西服大衣的廓型趋势，为服装设计师们提供了可行的参考及灵感。

六、流行趋势灵感

流行趋势代表了社会文化的新思潮，是社会运动新动向的表现。可以具体到一个新的名词、新的产品、新的生活方式等，这些元素在一定程度上传递出社会、经济、文化的流行信息，可以为服装设计提供多元化的创作灵感。近些年的流行趋势多变，出现了如极简主义、复古风格、赛博朋克等流行风格，将流行趋势与服装设计有机结合更能够设计出受消费者喜欢的服装。

（一）极简主义

极简主义服装色彩常以黑、白、灰为主色（图2-10），含蓄清新，还包括饱和度较低的蓝、绿、卡其色系等（图2-11），与其他设计风格相异，图案的设计一般不属于极简主义，服装设计的范畴延续了最大程度简单化画面这一理念，具体表现为服装设计中的块面单色彩。在颜色的搭配上，通常为了呈现服装的质朴、优雅而采用源于同一色系的相近色，从而更有利于色彩的融合。值得注意的是，尽管极简主义服装设计中常采用块面单色彩，但是这完全不意味着设计的单调与乏味。相反，设计师灵活运用面的形式以及多种材质的搭配与融合，让

图2-10 以黑、白、灰为主色的极简主义风格服装
（图片来源：POP服装趋势网）

图2-11 色彩饱和度低的极简主义风格服装
（图片来源：POP服装趋势网）

服装的空间感以及整体感上了一个台阶，极大地提升了原本冷静的极简主义的活力。

在这个人们对穿着需求不断提升的时代，无论是个人品位和审美的体现还是对高效生活方式的追求，都使极简主义受到现代人的青睐。极简主义服装兼顾了实用性和功能性，这种实用性以现代科技与人文精神作为依托，使服装本身变得人性化，在注重人的精神需求与生活方式的前提下，去掉了服装上冗余的元素，完成服装本身形式上的简化，注重服装每一部分存在的合理性和必要性。

极简主义从人们心底最真实的追求出发，运用了简化的设计，表达出人们的价值追求，让人们对时尚潮流有了更多的思考。在拓展设计思路和想象空间的同时，有意识地对其进行归纳和总结，为现代成衣设计提供了参考。极简主义不但成为现代服装设计风格的重要一环，更是逐渐成为现代都市人群的一种生活方式。

（二）复古风格

"复古"是现代社会经常提及的词汇，在语境中"复古"一词有着优雅、醇熟的意思。如今在现代服装设计语言中，"复古"一词，出现在20世纪70年代末，是在西方多元化价值观的转变所带来的新的设计思维（图2-12）的基础上形成的。

图2-12　复古风格服饰
（图片来源：POP服装趋势网）

在现代社会，复古的事物经常会出现在我们的生活中，复古的发型、复古的装修、复古的服装等。复古元素在当代的社会环境中被广泛运用，与人们的思想变化以及心理需求是密不可分的。随着社会的高速发展，心理压力逐渐加大，对当今新事物的快速更替产生了抵触心理，人们开始怀念和追求曾经的慢时光。在追求和回忆过去的事物时，得到心灵的放松和精神上的寄托。这是释放压力的途径之一，也是当代复古风格风行的原因之一。

不同的时代因其所处的历史时期以及历史事件会产生不同的服装风格。无论是经典的复古风格，还是有趣的复古元素，设计师均可以发挥设计的创新精神，表现出新的创新理念，从过去的风格以及设计中寻求灵感，导入服装设计中。例如，20世纪20年代的低腰线风格服装，30至40年代的军装以及工装风格，宽而厚的垫肩，搭配使用的及膝裙，70年代流行的嬉皮风格、摇滚服装等。让复古风格在现代服装设计中展现出全新的面貌。如Céline 23/24秋冬系列，以2000年的电子摇滚乐为灵感，造型采用利落的剪裁与设计，又瘦又干练，铆钉、亮片混搭西服皮草，呈现出迷幻华丽的夜店氛围（图2-13）。

图2-13　Céline 23/24秋冬系列

（三）赛博朋克

赛博朋克本身是科幻作品类目下的一个小众题材，赛博朋克美学逐渐摆脱亚文化的标签，不断挑战当今的主流艺术形式。作为20世纪80年代开始流行的亚文化，近些年受到越来越多的追捧。从最早依托于文学作品发展到现今电影、动画、插画、游戏、平面设计、服装设计、环境设计等领域，逐渐成为一种态度鲜明、影响深远的亚文化。

赛博朋克电影、插画、游戏等中展示城市夜景和雨景的时间多于白天。到了夜晚，城市则充斥着绚丽多彩的霓虹灯光，而霓虹灯光多为红色、蓝色以及其混合形成的紫色、少量的绿色和黄色，使人感到一种冰冷的机械感（图2-14），而漫长雨夜则给人一种悲观消极的末世感。在服装上，大都使用纯色、素色或者偏机能、军事风格的服装。这跟电影本身的故事有关。为了方便角色行动，这些服装基本都有几个特点——修身、机能、多功能，总的来说就是功能性服装。另一种常见的服装就是素色的长款

图2-14　赛博朋克风格的插画
（作者：Dangiuz）

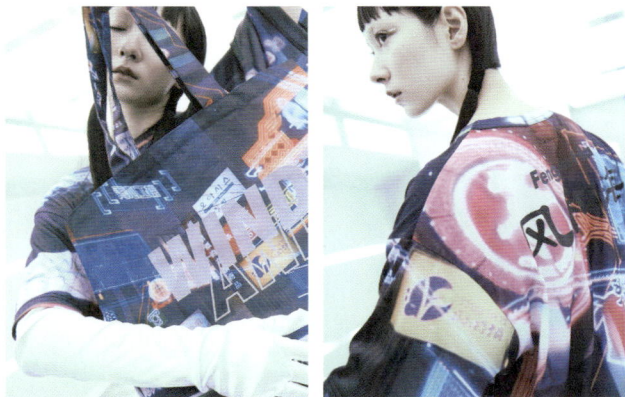

图2-15　赛博朋克风格服装
（图片来源：POP服装趋势网）

图2-16　PVC材质的服装
（图片来源：*VOGUE*官网）

风衣或者大衣，整体风格简单、大气
（图2-15）。

机械、装甲的元素在赛博朋克的服装设计中也非常多见。赛博朋克领域中有一个专用词汇叫作"赛博格"，"赛博格"是英文Cyborg的音译，翻译过来为义体人类、生化电子人，是用机械替换人体的一部分，用机械连接大脑。除了义肢以外，影片也会用形似"机械人"的机甲服来表现"赛博格"，显得服装有"未来感"。目前国内外的赛博朋克服装表现多为"机能风"，重视结构和功能性，另外，为了凸显服装的科技感，在面料的选用上会比较特殊，比如选用PVC材料或者其他的反光、发光材料。这种面料光滑、防水，并具有反光性，如同透明雨衣，让服装具有绚烂多彩的独特穿着效果（图2-16）。

七、科学技术灵感

现代科学技术的发展带来创作材料和创作技法上的革新，使设计师在创意设计上有了更多的可实施性。设计师可以挖掘新材料、新工艺、新技术，作为灵感运用于服装创意设计，产生更多样的效果。新科技带来的新理念，不仅开阔了设计师的思路，也给服装设计师带来了更为广阔的设计空间和全新的设计概念。服装作为生活中必不可少的一部分，必将与科学技术密不可分，并为新的生活方式服务。艾里斯·范·荷本（Iris van Herpen）是一位年轻并

且才华横溢的女设计师。曾与
亚历山大·麦昆（Alexander
McQueen）等一起工作。她在
设计上风格也受到了两个大品牌
的影响，前卫且充满创意的服装
外观让作品充满视觉冲击力，十
分引人注目。Iris van Herpen
的作品运用了3D建模打印技术，
创造出了立体感强、造型夸张的
设计（图2-17），目前由于3D
打印的技术以及材料限制，打印
出来的服装产品大多较硬。一般
多为廓型服装，多用于秀场，或

图 2-17　Iris van Herpen 的 3D 打印服装

用来表达设计师的新潮服装理念以及与当下新潮的科学技术结合的效果表达。为了增加
服装的流动性和灵活性，现阶段的 3D 打印多是制作一些服装的小部件、配饰等，然后
用铰链连接以方便穿脱和活动。

第二节　从个体意向导入设计思维

　　哲学家约翰·塞尔（J.R.Searle）将"意向"定义为"某些心理状态和事件的特
征，它是心理状态和事件指向、关于、涉及或表现某些其他客体和事态的特征"。根据
约翰·塞尔的意向性观点，意向性是为许多心理状态和事件所具有的这样一种性质，即
这些心理状态或事件通过它而指向或关于或涉及世界上的对象和事态，个体意向可以从
以下几个方面进行导入。

一、从个体记忆开始导入

　　"就是有那么一些经历，它们是无法交流和无法传达的。我们虽然能将它们加以互
相比较，但只能从外部进行比较。从一定经验自身来看，它们件件都是一次性的……原
始经历知识的不可交流性，却是无法超越的。"赖因哈特·科泽勒克的这段话表明依据
每个人个体记忆的不同，我们可以挖掘自己内心的记忆，由每个人不同的记忆导入设计
思维，从而设计出不同的服装。

图2-18　山本耀司（Yohji Yamamoto）服装
（图片来源：*VOGUE*官网）

如日本时装浪潮的新掌门人山本耀司（Yohji Yamamoto），他以简洁而富有韵味、流畅的线条、反时尚的设计风格而著称。山本耀司的个体记忆造就了他的设计风格。他的母亲是一位裁缝，在耳濡目染下，本身学法律的他对服装产生了极大的兴趣，于是毕业后便到欧洲各国游历，且在巴黎停留了一段时日。也就是这时候，山本耀司意识到服装可以与绘画一样成为一门具有创造力的艺术。山本耀司童年居住的地方位于东京新宿的歌舞厅，个体记忆导致了在山本耀司眼里，独立自强、永不依附男人的女人才是女性该有的样子。他在设计中以男装的剪裁去隐藏女性的身体，将女性的曲线覆盖于中性化的服装之下，如图2-18所示。

没有记忆，我们就不能构建自己的身份，也不能与别人交流，"生平记忆"是必不可少的，因为它们是经验、关系以及自己身份感觉得以建构的材料，并明确形成了我们生命故事的背景。人的记忆过程通常划分为三个阶段：编码、储存、提取。在编码阶段，感官系统对外界信息进行初步的加工处理；在完成信息加工识别后，信息就会进入大脑的储存区域。记忆是感受、体验、经验、情感等元素的集合，对于设计师而言在设计过程中需要提取、利用这些感受与体验将其符号化，以完成自己的设计创作。这些回忆与经验既是设计师的思想和个性初步形成的养分，又是在以后设计过程中的重要素材和强大的心灵敏感区。设计创作的重要契机和强大动力便来源于此。

二、从需求层次思维导入

马斯洛的需求层次理论是心理学中的激励理论，包括人类需求的五级模型，通常被描绘成金字塔结构（图2-19）。从层次结构的底部向上，需求分别为：生理（食物和衣服）、安全（工作保障）、社交（友谊）、尊重和自我实现。需求是由低到高逐级形成并得到满足的。

马斯洛需求层次理论从人类的动机出发，以生理驱动力作为动机理论起点，将生理需求作为最低层次的需求。随着生理需求得到较好的满足，逐渐出现较高层级的动机，

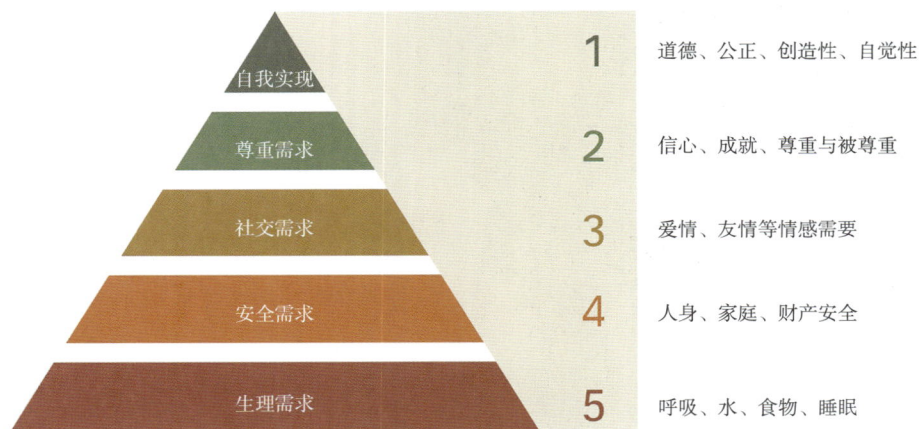

自我实现	1 道德、公正、创造性、自觉性
尊重需求	2 信心、成就、尊重与被尊重
社交需求	3 爱情、友情等情感需要
安全需求	4 人身、家庭、财产安全
生理需求	5 呼吸、水、食物、睡眠

图2-19 马斯洛需求层次理论

从而依次产生了安全需求、社交需求及尊重需求，最后当前面所说的种种需求都得到满足时，便产生了追求自我发展的自我实现需求。

从社会学的角度讲，服装一直都在装扮着人类的社会形象。在某种意义上，服装体现了人类社会的价值观，传播着不同民族文化的特色，界定着不同行业的性质。不同的服装设计传递出穿着者不同的地位、职业、文化修养、个性等社会特征。

根据社会需求的不同，在进行服装设计时，需要先考虑最底层的需求，也就是生理需求。服装三要素中也阐明了服装最重要的三个点：实用、经济、美观。服装的实用功能是服装创立的基础，任何一种服装形态，如果无法满足最基本的生理需求，就存在着被抛弃的危险。

实用功能的服装也分为多种，这一类型的服装需要优先满足服装的实用需求而弱化服装的其他需求。如特殊环境下的防护工作服，如消防服、医护服、抗菌服、防弹服、宇航服（图2-20）等。

在满足实用功能的基础上，去构建服装的第二层次以及第三层次。当代的服装设计早已不仅仅是保暖等服装机能性的简单设计，而是从实用功能转向审美诉求的艺术创新。服装设计用美轮美奂的形象来传导信息，传递美感，表现思想，传达理念，渗透情绪，倾诉情感，带给我们极其丰富的视觉魅力和文化内涵。如购买奢侈品的人，愿意为奢侈品的附加值去买单，因为他们需要用奢侈品实现自我认同和社会认同。

当人们外出时，根据不同的需求或目的，穿着不同形式

图2-20 宇航员的实用功能服装

的服装，就会产生一种随之而来的社会归属感。服装设计师在掌握需求层次后导入服装设计中，根据不同层次的需求，设计出不同的服装。

三、从群体分割思维导入

儿童、老人、男性、女性，不同群体的年龄阶段不同，对于服装的需求也各不相同。在这里以儿童群体的服装设计进行举例，随着生活水平的提升，儿童服装对于风格和品质的要求也不断提高，儿童服装的设计在服装领域中所占的位置越来越重要，很多家庭以孩子为生活重心，使许多儿童用品的设计水平明显提升。

儿童服装在设计时需要根据儿童的特点进行设计，不能一味地遵循成人服装的设计规则，在款式、色彩、面料及配饰上均需要考虑到儿童的特性及需求。儿童活泼好动，在设计时需要在腋下、膝盖、肘部等地方使用更加牢固的材质。儿童皮肤敏感娇嫩，在设计儿童贴身服装时，在面料上尽量使用纯棉面料等天然亲肤面料。在色彩以及图案上，使用儿童喜欢的亮色，如黄色、蓝色、粉色等色彩亮度以及明度较高的色彩，图案上则选择能够吸引儿童的动画或卡通图案（图2-21）。

图2-21　童装设计
（图片来源：POP服装趋势网）

当下服装群体的定位也是多元的。服装具有向他人传递个人社会地位、职业、自信心以及其他个性特征等信息的功能。人们对不同服装的思考与选择，很大程度上被社会活动所制约，这种穿着习惯已被人们熟识并认同。一位40岁的女性，在单位她是部门的经理，在健身房里她是运动员，在家里她是妻子和母亲。各种不同的群体身份对于她服装的选择起着指导和限制作用。在单位她会穿着简约干练的职业套装，在健身房里她会穿着轻快的运动装，在家里她会穿着柔软舒适的家居服（图2-22）。

不同的年龄群体及不同的社会群体需要穿着不同的服装，设计师在进行服装设计的时候首先要考虑到大方向下的老少幼等不同群体，再根据不同场景的消费群体进行设计，掌握不同群体的服装要素与需求等才能够设计出更具有针对性的服装。

（a）穿着职业装　　　　　　（b）穿着运动装　　　　　　（c）穿着家居服

图2-22　不同的身份群体穿着不同的服饰
（图片来源：POP服装趋势网）

四、从横向比较思维导入

横向比较即对处于历史同一时期的同一类型的不同对象在统一标准下进行比较的方法，找出该事物在不同环境中的异同点并弄清楚异同的原因。横向比较是同时性思维。所谓同时性，就是规定时间域，研究这个时间域过程的同一事物在不同环境中的状况及其他各方面的关系。

横向比较法是指对同类的不同对象在统一标准下进行比较的方法。拓宽思维的宽度，全面地看待问题。从不同侧面去认识、分析事物，探索不同的答案，或研究某事物与其他事物之间相互关系的特点的思维过程。"东方不亮西方亮，亮了南方有北方"是对横向比较思维的贴切形容。

假设将问题置于一个立体空间内，我们可以围绕问题多角度、多途径、多层次、跨学科地进行全方位的研究。横向思维比较表现在取材、创意、造型、组合等各个方面的广泛性上。从广阔的宏伟世界到神秘的微观世界，从东方与西方的文化交流，从传统理念到与现代意识的融合，都是我们进行设计的源泉。横向比较的思维极其重要，有时设计一件作品，不仅仅需要依靠艺术方面的知识来指导，还要其他学科门类的知识积累来支撑，许多成功的优秀范例都说明了这点。法国品牌Coperni在设计中用大胆的科技主义打破感性和理性的边界。品牌名Coperni是以天文学家哥白尼命名，旨在以他提出的"日心说"为设计的灵感来源，作品中手工技艺和创新材质相结合，为品牌服装带来了与众不同的风格，著名的包袋"Swipe"其灵感就是来源于手机的解锁模式（图2-23）。

（a）Coperni服装　　　　　（b）Swipe包袋　　　　　（c）手机解锁界面

图2-23　Coperni品牌
（图片来源：POP服装趋势网）

　　服装设计师在设计开发某类服装产品时，可以把该类产品作为坐标参照系，选择类型基本相同、相似或相近的具有代表性、先进性的若干产品作为调研对象，对其造型特点、细节处理、色系组成、材料选择、板型特征、装饰手法、工艺处理等设计要素进行分析研究，从中吸取长处。如设计西服外套，可从市场上找出多种外套款式，分析其中的款式特征、色彩特色、工艺细节等最后运用在自身服装设计上（图2-24）。

　　通过合理运用横向比较思维，使不同设计之间相互渗透、相互交织，设计作品不仅新颖独特而且具有深刻的感染力。运用横向思维要求设计师视野开阔、信息准确、分析细致并且善于学习，否则难以从比较中获得启发和借鉴。

· 主题1：宽大西服/外套

· 全新着装风格不仅强调了舒适感的重要性，而且诠释了未来消费者态度转向基于现有服装进行扩充
· 退出能搭配现有单品的耐用单品，例如可搭配实用半裙和长裤的高性能实用夹克
· 宽大便西、量感外套以及实用毛衣都是重要单品

· 主题2：超大贴袋出现在商业造型上

· 超大贴袋取代金属配件出现在该商业化造型上，柔化长款狩猎夹克，半身裙长度及膝
· 另一方面，带有金属拉链与方形D形环的截短及长款夹克彰显军装风
· 从20世纪80年代宽肩硬朗西装中汲取灵感，设计师以全新美学风格处理中性长裤西装
· 夹克板型以宽肩与箱型衣身呈现，超大阔腿长裤与长款夹克比例相平

图2-24　横向比较思维

五、从纵向比较思维导入

有比较才能有鉴别，有比较和鉴别才能有发展，这十分清楚地指出了比较思维的重要性。纵向思维是与横向思维相对应的方法，纵向比较即对同一事物做历史的对比分析，去发现事物在不同阶段上的特点和前后联系，以此来揭示和把握事物本质及发展过程。任何事物都不会无中生有，总要经历萌芽、成长、发展的过程，在形成事物发展史的过程中，事物总有一定规律可循。纵向比较思维的历史性特点，就是把事物放在自己的过去、现在和将来的对比分析中。

纵向比较思维在服装设计思维中具有鲜明的预见性，它在过去与现在的比较中推断未来，把握事物的规律性。纵向比较是历史、时间、过程的考察法，是事物发展的历史性、时间性、过程性在思维中的运用。历史和逻辑是一致的，从纵向思维的历史性能够很快地进入事物的逻辑发展之中。通过比较服装的过去、现在、未来，我们能够科学地认识服装发展的客观规律，分析服装的演变、流行、发展的规律（图2-25）。

（a）过去的服装　　　　　　　（b）现在的服装　　　　　　　（c）未来的服装

图2-25　服装的过去、现在、未来

通过纵向比较思维，将不同时间的同一类型服装进行比较和研究，总结其设计思维，并将其运用在服装设计中。因此，它是服装设计思维中不可缺少的思维方式。

六、从审美心理导入

审美心理是指人的一种特殊的行为心理，即人在实施审美过程中可能产生的心理状态。人在审美实践中面对审美对象，以审美态度感知对象，从而在审美体验中获得情感愉悦和精神快活的自由心情。消费者审美过程包含着消费者的心理活动，往往会受到不同消费者的世界观念、经验、需求、文化背景等方面因素的影响。然而这些影响因素彼此之间却又呈制约关系，在促进与制约之间发展，当人们满足某种需求后，立刻就会产生其他需求来代替原有的需求，消费者审美也是如此。由于每个人的心理状态是不同的，那么他们的审美观点也就不尽相同。在任何一个时代都会有被大多数人接受的主流服装，同时也有被少部分人认可的非主流服装。归根结底，这都是由某些人的个性化所致。因此，在考虑大多数人的审美观时也要考虑到这一小部分人的审美观念。

中国传统的结婚服装，女装多以红色示人（图2-26），表示喜庆、祈福，素色很少见，但是随着世界文化发展、信息时代的到来，西方文化不断地融入人们的生活，婚纱已经成为结婚服饰的首选（图2-27），广为应用。可见审美心理对于服装设计影响之大，同时，也将为服装设计提供新的发展依据。

图2-26 中国传统红色旗袍
（图片来源：POP服装趋势网）

图2-27 西方婚纱

第三节 从视觉具象导入设计思维

在视觉艺术域内，具象是指与现实可视对象从大致相似到极为相似的形态。具象是设计师在生活中多次接触、多次感受的既丰富多彩又高度凝缩了的形象，它不仅仅是感知、记忆的结果，而且打上了设计师的情感烙印，受到他们的思维加工。它是综合了生活中无数单一表象以后，又经过抉择取舍而形成的。

一、制器尚象与观象制器导入设计思维

制器尚象，出自《周易·系辞》，也称为观象制器，是中国古代对科技发明所用的

词语。"器"，本指器皿，又引申为各类器械，包括器皿、工具、武器、车船等。制器者，指制作器械的工匠们。"象"，统指天地间万物之形象及其物性。"制器尚象"，指制器者观物之象，触类旁通，因而造器为用。

胡适认为：观象制器是一种文化起源学说，观象并不只局限于观卦象，卦象只是物象的符号，见物而起意向，触类而长之。瓦特看见水壶盖的热气冲力而想到蒸汽之力；牛顿看到苹果落到地上，乃想到万有引力，这都属于观象制器，同样都是有象而后制器。设计自始至终都遵循着制器尚象与观象制器的规则。

《系辞传上·十二章》写道："是故形而上者谓之道，形而下者谓之器。"意思是没有具体的形象的抽象事物称为"道"，有形象的具体的东西称为"器"。所以我们要知道，被观察的事物，所包含的内在的东西，就是"道"。只有知道事物各样的"象"是怎样的，才能通过观察思考得出"道"，才能为"制器"做好准备。设计学就是对观象制器的实践，先观察生活上的需求，在自然万物的"象"的启发下，设计出相对应的产品。观象制器并不是单纯的复制自然事物，而是通过观察其现象得到的启发，经过人的主观能动性去制作和改变制作出来的东西，这样的一个过程就是制器尚象和观象制器的过程，才是设计。

人们自古以来创造和生产的东西并不是凭空而来的，人所造的东西无论是什么都离不开观象制器的启发。通过观察事物，我们可以发现自然万物的特征，这些特征就是事物外在的"象"，如天上的鸟有翅膀能飞，水里的鱼有鳍能游。日月星辰的变化知时令，风云的走向通晴雨。这些都是视觉对外物的观视，也就是最基本的观象。

翻开服装史长卷，人类制器尚象进行服装创造由来已久。最早用来制作服装的是树叶，树叶遮挡阳光的现象启发了祖先们，他们就把小片的树叶织成成片的树叶盖在身上。但是树叶只能遮羞，并不能御寒，后来人们开始用兽皮来制作衣服，兽皮不仅可以遮羞御寒，还能够遮风挡雨。所以就把动物的皮毛割下，再改成适合人体的形状披在身上。这就发挥了制器尚象的思维。从中国唐代舞女穿着（图2-28）到霓裳羽衣到西方18世纪的燕尾服（图2-29），造型如鹤翔云飞之状；从服装衣袖来看，

图2-28　唐代舞女

图2-29　燕尾服

蝙蝠袖潇洒飘逸，荷叶袖温婉浪漫，花苞袖可爱俏皮（图2-30）；从领型看，燕子领、蝴蝶领、青果领等千姿百态（图2-31）。这些都是制器尚象，发挥丰富的想象力而设计的。

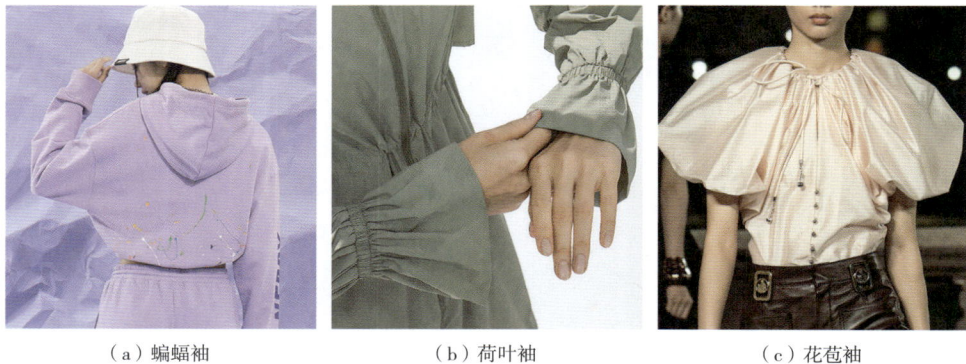

（a）蝙蝠袖　　　　　　　　（b）荷叶袖　　　　　　　　（c）花苞袖

图2-30　服装袖型
（图片来源：POP服装趋势网）

（a）燕子领　　　　　　　　（b）蝴蝶领　　　　　　　　（c）青果领

图2-31　服装领型
（图片来源：POP服装趋势网）

二、从赏析大师作品导入新设计思维

通过了解世界著名服装设计师的生平，欣赏其优秀作品，理解其设计风格、灵感来源，可以激发我们的创意思维。服装设计大师有很多，卡尔·拉格菲尔德（Karl Lagerfeld）、瓦伦蒂诺·加拉瓦尼（Valentino Garavani）、高田贤三（Kenzo）、克里斯汀·迪奥（Christian Dior）、亚历山大·麦昆（Alexander McQueen）、约翰·加利亚诺（John Galliano）、让·保罗·高缇耶（Jean Paul Gaultier）、马丁·马吉拉（Martin Margiela）、艾里斯·范·荷本（Iris van Herpen）、川久保玲（Rei

Kawakubo）、山本耀司（Yohji Yamamoto）、三宅一生（Issey Miyake）、薇薇恩·韦斯特伍德（Vivienne Westwood）、拉夫·劳伦（Ralph Lauren）等。

（一）三宅一生（Issey Miyake）

三宅一生是一名伟大的艺术大师，他的时装极具创造力，集质朴、基本、现代于一体（图2-32）。三宅一生的设计一直以无结构模式进行，他的设计思想几乎可以与整个西方服装设计界相抗衡，是一种代表着未来新方向的崭新设计风格。在造型上，他开创了服装设计上的解构主义风格，借鉴东方制衣技术以及包裹缠绕的立体裁剪技术，在结构上任意挥洒，释放出无拘无束的创造力激情；在服装材料上，他将自古代流传至今的传统织物，应用现代科技，结合他个人的哲学思想，打破了高级时装及

图2-32 三宅一生

成衣一向平整光洁的理念，以多种材料创造出独特而不可思议的织物和服装，被称为"面料魔术师"（图2-33）。

图2-33 三宅一生设计作品

三宅一生是东方禅意美学的践行者，是打破西方设计模式的革新大师，他把服饰美提高到哲学层面之高度，是从西方服饰中汲取精湛技艺并为自己东方风格所服务的文化交流者（图2-34）。

1965年，三宅一生从日本多摩美术大学（Tama Art University）学习平面设计毕业后选择进入巴黎时装工会学校学习；这时高田贤三也刚到巴黎不久。三宅一生先后加盟姬龙雪（Guy Laroche）和纪梵希

图2-34　三宅一生2023年春夏时装秀

（Hubert de Givenchy）高级时装工作室。在这里，他所针对的主要客户自然是贵妇和精英阶层。他亲历1968年的巴黎学生运动后，清晰地意识到大众化时代即将到来，服装也应该是为大众设计。为此，他奔赴纽约学习成衣设计，并在1970年回到日本后成立了自己的设计工作室"三宅设计事务所"（Miyake Design Studio），他和一群志同道合的朋友开启了最初的设计之路。

三宅一生的设计包含着浓厚的日本传统文化精神，甚至是从哲学层面的思考，这在当时无疑是前卫的。1971年他在东京首次展出了他的新时装系列——一组灵感取自柔道服的粗棉布时装。但这一大胆的新设计并未获得认可，甚至被嘲笑为"装土豆的口袋"，受挫的三宅一生并没有因此放弃自己的追求。随后他携设计作品进军巴黎，等再次回到日本，已是天壤之别，他推出了"三宅一生和十二位黑姑娘"以及"与三宅一生共飞翔"等服装新系列，引起极大的轰动，场场爆满。不仅在日本，三宅一生还引起一股国际化风潮，国际时装伸展台上宽松的剪裁，黑、白、灰的色彩搭配蔚然成风。

三宅一生是世界的，但三宅一生的精髓在东方。深受东西方文化交融的影响，三宅一生的设计风格呈现为无结构模式，这彻底摆脱了西方传统的造型模式，他通过掰开、揉碎、再组合，形成惊人奇突的构造。同时又具有宽泛、雍容的内涵。其作品看似无形，却疏而不散，以玄奥的东方文化，赋予了作品神奇的魅力（图2-35）。纵观三宅一生的设计，其理念的根本是"一块布"（a piece of cloth），这正源于20世纪70年代那块不被看好的插入了袖子的棉纱亚麻布；然而作为设计的起点，这对他自己也是很重要的一件作品；三宅一生和他的继任者们的作品也仍旧会经常回到这个原点，因为那是衣服永恒不变的源代码。

"一块布"其实就是织物对身体的包裹，这与和服的包裹文化存在紧密的关联。和

图2-35　三宅一生2022年秋冬高级成衣

服中的悬垂、褶皱、层叠等技术，以及日本和式包装在三宅一生的服装中处处可见。对材质的探索，对服装和身体关系的反思让三宅一生在传统上又有突破。这些服装与西方的剪裁方法截然不同，不太突出人的形体曲线，而是在服装与身体间留下空间，又具有一种仿生物的有机感。"一块布"以无结构的模式，给人体留出充分的空间，摆脱了服装结构对人体的束缚，赋予人体最大的自由，赞叹着人体的美丽。服装和人的关系也呈现出由"人适应服装"到"服装适应人"的转变，服装的包容性变得更为强大。

（二）亚历山大·麦昆（Alexander McQueen）

亚历山大·麦昆出生于伦敦，英国著名服装设计师，有"坏孩子"之称，被认为是英国的时尚教父（图2-36）。麦昆是时尚圈不折不扣的鬼才，他的设计充满天马行空的创意，极具戏剧性，是近代史上最具原创性的时装设计师之一。

他的作品常以狂野的方式表达情感力量、天然能量、浪漫但又决绝的现代感，具有很高的辨识度。他总能将两极的元素融入一件作品之中，比如柔弱与强力、传统与现代、严谨与变化等。细致的英式定制剪裁、精湛的法国高级时装工艺和完美的意大利手工制作都能在其作品中得以体现。

麦昆秀场上使用的色彩多为深色调，无论与任何颜色组合，黑色都起着重要的作用。麦昆之所以喜欢用深色系风格，主要与他悲惨的童年经历有关。麦昆出生在贫民窟，他小时候是一个内向的男孩，在学校被欺负、在家则被父亲打骂。他的性格和家庭让他的童年充满了难言的屈辱和阴暗的回忆。而这些记忆，在未来也变成了他服装风格的灵感来源。

麦昆对"向死而生"的黑暗美学、死亡意向感兴趣，他常用物哀手法展现死亡美学。他也常将男性特征赋予女性形象中，他的与众不同之处在于接受过传统定制服

图2-36　亚历山大·麦昆

装的裁缝训练之后，仍能借助这些技巧完美地实现自己的灵感。他的设计理念蕴含着独特的矛盾美，这些矛盾展现在死亡、女性、自然、生命等主题上。设计融合多种艺术表现形式，并从书籍、戏剧、文学、绘画、音乐和电影等多方面汲取创作灵感，从历史等角度出发，突出深刻的作品内涵，再用自身裁剪技术将它们以全新的面貌呈现在当代语境下。

麦昆喜欢将装置艺术运用于秀场，2001SS "voss" 系列灵感源于电影《飞越疯人院》，舞台被布置成关押精神病人的玻璃房，面色困惑的模特混乱地游走于其中，头缠绷带的造型暗示精神分裂（图2-37）。临近尾声，在装置中心的立体玻璃墙面打碎的刹那，肥胖的作家欧利头戴面具，嘴里含着一根医用呼吸管，斜倚在长椅上，身体被成百上千扑腾着翅膀的飞蛾所覆盖。此作品根据乔·皮摄影作品《疗养院》而设计，美与丑的交织、奄奄一息与生机勃勃的对比，这场秀是艺术与时装的互动，它的出现为之后的T台开启无限可能。装置艺术带来的体味不仅停留在感官上，而是受众体察作品所获得的精神领略（图2-38）。

麦昆充满创意的时装表演，更被多位时装评论家誉为当今最具吸引力的时装表演。如图2-39所示，亚历山大·麦昆的秀场上模特穿着白色连衣裙站在旋转的台面上，两边是喷射黑色和黄色油漆的机器人，在秀场的现场完成了一套创意服装的设计。

图2-37　2001SS "voss" 系列一

图2-38　2001SS "voss" 系列二

图2-39　亚历山大·麦昆的秀场

（三）川久保玲（Rei Kawakubo）

川久保玲出生于1942年10月，是一位日本服装设计师（图2-40），毕业于庆应义塾大学。她以不对称、解构的、前卫的设计风格闻名世界，被称为日本时尚教母，她非科班出身却成为目前世界上最出名的服装设计师之一。1969年她在东京创立了自己的服装品牌，取名为Comme Des Garçons，简称为CDG，法语意思为像个男孩。1973年公司正式成立，1981年川久保玲在巴黎时装展举行发布会，从此闻名世界。

图2-40　川久保玲

说到"女性化"很多人会想到各种与女性"属性"一样的关键词，如清爽、性感、楚楚可怜、小鸟依人等，在川久保玲的设计中，她既没有去呼应这些"属性"，也没有反对这些属性，而是强势而直接地正确面对女性的生理面。深深地潜入"女性化"的包围，在性差的外部制作"无性"的服装，同时又在更深的层面直面"女性"这个事实。

川久保玲从创立品牌开始到现在，很多人觉得她的风格太过前卫，然而她从不在意世俗的眼光，不断打破固有束缚，创作出只属于自己风格的作品。她从日本开始，带着几名助理远赴法国，最终闻名世界。她说她并不是女权主义者，但她却用服装这把利刃，破开了许多固有偏见，如图2-41所示，为Comme Des Garçons 2023年春夏时装秀，设计整体强调服装的廓型，多运用解构的设计方式。

川久保玲特立独行的设计风格，那些夸张到扭曲甚至畸形的结构打破了时装原本的样子，也打破了世俗的偏见和所谓的规矩，那些偏激的，那些深刻的，都被她留在了她的服装风格里，从而影响了众多的服装设计师。

出生于一个女性地位低下的年代，在女性更多作为主妇存在的国家，川久保玲一直在自己设计的服装中灌输女性独立、自我、平等的观念，一如她标志性

图2-41　Comme Des Garçons 2023年春夏时装秀

的黑色短发和黑色的衣着，不是单纯的视觉效果和个人喜好，而是潜藏着女性精神的舞台艺术。正是因为川久保玲将女性身体包裹的"反性感"这一与日本和服美学理念相和的概念，成就了女性的另一种性感。黑色也成了最时尚女性的代表。Comme Des Garçons——"像男孩一样"也正是她对女性解放的宣言。品牌创立以来，川久保玲以其独特的结构美学，融合东方古典主义，为大众带来了一场又一场大秀、革命和思考，消除人体和衣服间的刻板成见，设计不是去迎合什么，而是去创造什么。在川久保玲每一季的服装设计中，我们都能感受到自由不羁的反礼数、反传统做派，成就了某种精神意念上无穷尽的创意加持，让生活或生命经由服装的表现而享受到滔滔不绝的自由延伸（图2-42）。

图2-42　Comme Des Garçons 2023年秋冬时装秀

（四）加布里埃·博纳尔·夏奈尔（Gabrielle Bonheur Chanel）

加布里埃·博纳尔·夏奈尔生于1883年（图2-43），出生在法国的索米尔，在她自己的讲述中，她受洗时被取名叫加布里埃·博纳尔·夏奈尔，因为博纳尔代表着幸福，她还说父亲在她小时候叫她"小可可"，实际上，可可·夏奈尔来源于《谁看见可可》这首歌，而可可是小狗的名字。

图2-43　加布里埃·博纳尔·夏奈尔

从小在孤儿院中长大的她，形成了坚强、独立的性格，也学会了一手技艺高超的针线活。在姑妈家的储藏室，夏奈尔看到了各种各样的小说及有着时装设计图的画报，这些成了她的宝藏，激发了她的梦想，引领她走入了不同的世界，还对她的人生观和爱情观产生了很大影响。傲气、固执而坚强的个性影响了夏奈尔日后在服装和珠宝设计上的风格。

20岁，她开始在歌厅驻唱，1910年，开设了自己的第一家女帽店。在那个年代女装流行的是"五花大绑"的服装设计，而夏奈尔敢于突破传统、解放女性，设计了许多简洁大方的创新款式，一经推出就饱受好评。后来她还从男装那里获得灵感，为女装添上了一些男士的味道，还将西裤加入了女装中，一改过去女装的花哨与艳丽，要知道，在那个年代女性是只穿裙子的，夏奈尔的这一系列设计无疑是一场服饰界的大革命。1914年，她更是在巴黎开设了自己的时装店，总部位于巴黎31Rue Cambon，并延续至今。从此，香奈儿这个品牌诞生。

创始人夏奈尔的思想大胆、崇尚自由与对美学的独特见解为自己赢得了一群画家、诗人和知识分子的青睐，当时正值法国时装和艺术发展的黄金时期，她的朋友中就有抽象画派大师毕加索、法国诗人导演尚·高克多等在艺术界有着较高造诣之人，他们无疑都对夏奈尔的服装设计和艺术理念有着深远的影响。

夏奈尔的个人名言："愿我的传奇常留世人心中，永远鲜明如新。"她现代主义的观点，男装化的风格，在简单设计中见名贵，使她成为20世纪时装界的一位重要人物。在提倡女性权利的同时，她也赋予女性行动的自由，不失柔美。她说："我年轻的时候，女人没有自己的形象可言。我将自由还给她们，解放她们的双臂和双腿，让她们行动自如，能舒适地欢笑和用餐。"

香奈儿在如今虽然发展为国际知名的奢侈品牌，但是夏奈尔本人在创立品牌时并不是为了展示奢侈，而是为了让女性行动自如。为了不让帽子阻挡视角，她删去了帽子上繁重的饰品；在那个女用包袋都是手包的时代，为了解放女性双手，她创造了"2.55"手袋（图2-44）；她推出的简约针织外套、直筒裙和海魂衫（图2-45），既适合女人们工作时穿着，又适合她们在海边漫步。她为女性带来的不仅仅是时尚的变革，也是对女性从身体到独立精神的解放。

"人们以为所有大门都会为我敞开，但其实是我自己推开了它们。"夏奈尔一生都在竭尽全力地工作，为女性冲破身体上的束缚、解开思想上的枷锁。她给女性带来的不仅仅是时尚的变革，也是对女性从身体到独立精神的伟大变革。

图2-44　香奈儿2.55手袋

图2-45　海魂衫

（五）郭培（Guopei）

郭培，中国服装设计师，她是中国第一位巴黎高定的受邀会员，被称为"中国高级时装定制第一人"。她所设计的服装多次登上春晚舞台，2008年的奥运礼服也由她操刀。连续三届荣获"国际服装服饰博览会"服装金奖，郭培以她独特的审美在各大重要的庆典和仪式上诠释中国服饰之美。在她的作品中可以看到中国文化的内涵和风貌。从20世纪90年代样式单一的中国服装市场，到如今受全球瞩目的中国高定，郭培和中国的高定一同成长，同时也见证了中国高定之路。

郭培，1967年出生于北京的一个小院里，她的母亲是一名老师，从小注重对郭培的教育。因为母亲是老师的缘故，郭培很早就接触到了中国传统的文化知识。幼年时期的教育对郭培的影响是深远的，这对她以后的创作产生了很大的影响，并且为郭培提供了许多灵感。其实她对于服装设计这方面感兴趣是在她5岁那年，有一天母亲带她逛街时，透过商店的橱窗看到里面有一件十分特别的衣服。这件衣服是黑色的，但是上面用金线绣了许多特殊图案和花纹，这是郭培最早接触到"设计"。当时的物价很低，郭培的母亲一个月工资才40多元，然而这件衣服定价却高达50多元，这已经是她一个多月的工资了。母亲犹豫和思考以后，还是为她买下了这件衣服。而这件衣服也成了郭培梦开始的地方。她后来所欣赏的华美中国风和一些闪闪发光的东西，在很大程度上是受到了这件衣服的影响。

1982年，郭培进入北京的一所工业学校就读服装设计专业。经过四年的专业学习，毕业以后，郭培凭借自己出色的天赋来到天马服装有限公司，担任首席设计师。

郭培专注于设计中式服装，刺绣是郭培最醒目的标识，郭培认为，好的设计师首先是一个会拿针的人。郭培的很多作品都运用了传统的中国图案，如龙的纹样。龙的图像是中国人文化精神的一种表达，通常给人以力量感，经过郭培的设计改造，龙的图案更加立体化、女性化，更接近如今中国多元、包容的民族性格（图2-46）。

图2-46 郭培服装中的龙图案

《大金》是郭培最具标志性的作品之一，这件花了两年时间完成，耗费5万多小时制作的华服，在她的首场高定秀——2006轮回高定秀压轴亮相。这件作品帮助郭培开启了设计师职业生涯，还被媒体评价为"中国高级定制诞生的标志"，礼服表面绣有金线，金灿灿的外观象征着太阳（图2-47）。

关于最近兴起的国潮服装，郭培说："我觉得国潮就是自己国家的潮流，代表了一个国家的繁荣昌盛，它不仅仅是在政治、经济上的昌盛，更是文化的昌盛和复兴，我认为这是更为重要的。国潮的兴起，也再一次让我们看到了国人的自信，让国家的文化在国民中兴盛和流行。"国潮

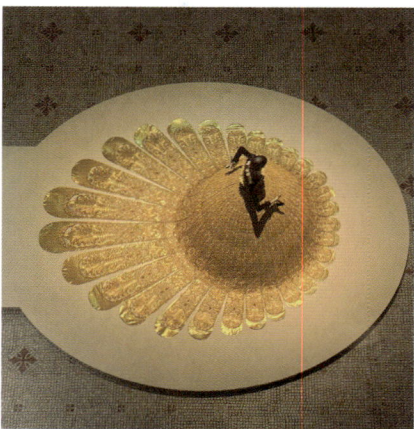

图2-47 郭培设计作品《大金》

越来越受到大众的欢迎，郭培认为这是必然的。"只有越来越多的人欢迎它，才能成为潮流。潮流是很多人的响应，也是很多人的喜欢和接纳。"

（六）马可（Ma Ke）

马可，中国著名服装设计师，无用品牌的创始人（图2-48），是中国最具代表性的设计师之一。1994年创作的作品《秦俑》获得第二届中国国际青年兄弟杯（后更名为汉帛奖）服装设计大赛的金奖（图2-49），在这个作品中她将兵马俑作为灵感，运用在服装设计中。

中国本土设计师马可对于设计所提倡的更多的是一种自然而为的感觉，呼吁人们回归简朴的生活，追溯人性的本真。在"无用之土地"系列中，马可将破烂的粗布麻衣埋在地下，希望可以通过自然的腐蚀、破损和脱散汲取土地的能量，与土地建立联系（图2-50）。

从2014年马可创办无用生活空间（图2-51）到现如今，无用已经发展为一个具有公益性质的社会企业，其目标在于通过手工精心制作的作品向世人倡导：过自由简朴的生活，追求心灵的成长与自由。马可的品牌"无用"，并不是源自经典典籍，而是源自调研手工艺人过程中的经历。那些手工艺人在与她告别的时候几乎都会问她，这些东西都没用了，连我们的子女都不学了，你做这些记录有什么意义呢？马可说："这些才是我们生命里最宝贵的东西。"马可放弃了许多出国深造、留学的机会，坚持在国内做中国原创。她认为，作为中国设计师，最宝贵的就是本民族的文化。所以在马可的作品中，随处可见的是中国传统的文化元素。

马可对于造物和设计都有着独一份的执念。在她眼中，衣服并不是每一季需要不断更新的潮流趋势，也不是现代工业流水线上千篇一律的复制品，而是体现穿着者内在精神气质以及人与人情感连接的载体。

图2-48　马可

图2-49　马可作品《秦俑》

图2-50　马可"无用之土地——踏上回归内在神性的漫漫长路"展览

图 2-51   无用生活空间的展览

她会把民间手工艺人请到工作室里，用自然的古老技法为布料染色，甚至从织布开始就纯手工完成。纺纱、织布，然后一针一线地缝制，整个过程更像是在追求返璞归真的生活方式。她的设计没有刻意地强调如绣花、盘扣这样的传统印象中的中国元素。在她眼中的中国传统文化，就是脚下这片广袤的土地，是那些民间手工艺人的传统制衣技法。

她在媒体面前曾经说过一段振聋发聩的话："中国人是世界上比较聪明的人，但为了求快，老走捷径，也成为中国制造的顽疾。相信当商业发展到一定程度后，人们一定会意识到这种快捷背后的精神荒芜。投入心力地去做每一件衣服、器皿、物件；用心，才会获得人们的珍惜。"

三、仿生造型设计思维导入

仿生服装学是以生物的造型、轮廓、色彩等为基础，运用服装的造型设计、结构设计和色彩设计等手法，以设计出新颖、独特的服装造型。

仿生设计是取之自然的典型行为，是创意设计中的重要组成部分，其哲学内涵与21世纪服装文化发展所追求的人与自然的统一的内涵不谋而合。近20年来，随着仿生技术的发展，仿生技术在服装设计中的应用也日渐广泛。服装的仿生设计是模仿自然界生物造型、色彩、结构等因素的设计活动，对自然界的生物进行提取以及创意设计，使其满足审美要求的同时符合其师法自然，提倡人与自然和谐统一的主旨。"师法自然"与"天人合一"既是中国传统哲学理念的精髓，也是仿生设计作为服装设计未来发展的永恒主题。人类在"仿生"中不断吸取他物之长、补己之短来优化自己。现代服饰仿生艺术设计的灵感源自与深邃的历史文化的渊源，源自与自然融合的亲切感，源自对现代工业文明的反思。仿生服装实际上是从形式上唤起人们对于自然美的视觉审美需求，同时还满足人们追求和谐与舒适的心理需求。

（一）造型仿生

服装整体造型的仿生设计使人们从服装艺术中充分感受着大自然的魅力。人们熟知并已运用至日常生活中的仿生服装有蝙蝠衫、燕尾服、鱼尾裙等（图2-52），可见服装的仿生设计从古至今一直是设计师在服装创作上运用最直接、最生动的手法。

图2-52　Max Mara 鱼尾裙
（图片来源：POP服装趋势网）

（二）功能仿生

在功能上服饰的仿生也是随处可见的。受动物界硬甲动物（如乌龟）造型的启发，人们在设计防护服装时，根据防护的目的和人体容易受伤害的部位对其进行特殊的保护，最为大家熟悉的迷彩服最初就是仿生当地的黄土地的色彩，能够起到较好的伪装效果，后来逐渐得到普及直至发展至时尚圈，色彩也逐渐由最初的黄棕色系变得丰富起来（图2-53）。

（三）色彩仿生

色彩是能够激发人们共性审美的、最敏感的一种形式元素，也被认为是最富有艺术性和表现力的因素。人们往往通过不同的色彩了解到不同人的性格爱好或不同时刻的情绪状态，而色彩仿生就是将自然与情绪、心理等高度融合。在绘图染料中

图2-53　迷彩服

可以发现，不同的颜色有对应的名字，如"朱砂""天蓝"等。也有用水果或植物命名的颜色，如荔枝红、香蕉黄、玫瑰紫等；或者按照大自然的矿物色彩命名，如朱玉色、宝石蓝、赤金色等。这些色彩展现了自然美，体现了人们与大自然的亲密关系。现代设计师也常常从自然界中获取灵感，并与自己天马行空的想象相结合，创作出有内涵、令人眼前一亮的作品。

（四）质感仿生

自然界本身具有特殊的、深不可测的魅力，神秘的大自然总能触动设计师的心，给人以心灵的震撼。自然界中，每个动植物的形态体征都各不相同，因此，动植物的表面质感，羽毛层次，或是组织结构都可以带给设计师无限的灵感。

质感仿生通过不同的质地、纹理，模仿大自然中的生物和表面状态，在这些基础上进行再创造，以达到惟妙惟肖的效果。如Alexander McQueen 2013年春夏女装的灵感就来源于一个个排列整齐的六棱的蜂巢形状（图2-54）。我国品牌盖娅传说以"若水"为主题，参考水生物、化石、水波等质感，将生命之水生动地展现在人们面前，传达了热爱生命与自然的理念。

图2-54　Alexander McQueen 2013年春夏女装

本章小结

■　设计师需要将抽象思维与形象思维相协调才能完成优秀的设计。在日常生活中多注意观察和积累，从不同的渠道收集素材，导入服装设计中。

■　对于服装设计师而言灵感的发掘至关重要，在日常生活中需要善于发现和积累，可以从文化艺术、传统文化、民俗文化、日常生活、时尚元素、流行趋势、科学技术等方面寻找设计灵感。

■　从个体意向导入设计思维可以从个体记忆、需求层次、群体分割、横向比较思维、纵向比较思维、审美心理等方面进行导入。

■　制器尚象也称为观象制器，是中国古代对科技发明所用的词语。人们可以通过观察日常生活中的自然事物得到启发，再经过自身的主观能动性进行改造和设计。

■　通过了解世界著名服装设计师的生平，欣赏其优秀作品，理解其设计风格、灵感来源，可以激发创意思维。

■　仿生服装学是以生物的造型、轮廓、色彩等为基础，运用服装的造型设计、结构设计和色彩设计等手法，以设计出新颖、独特的服装造型。

思考题

1.传统文化艺术灵感在服装上的应用有哪些？

2.根据马斯洛需求层次理论，在进行服装设计时，最先需要考虑什么需求？

3.说出你喜欢的中国服装设计师，并简述他的设计风格和代表作品。

4.说出一些自己在生活中常见的仿生服装，并思考属于哪一类仿生设计。

第三章
服装设计思维训练方法

课题名称：服装设计思维训练方法
课题内容：1.创意性思维训练方法
　　　　　2.设计思维能力训练方法
　　　　　3.设计思维技法训练
课题时间：12课时
教学目的：掌握多种服装设计思维训练方法
教学方式：理论讲授＋实践教学
教学要求：1.认识多种设计思维训练方法
　　　　　2.掌握服装设计思维训练方法
课前（后）准备：相关教案、PPT等

　　服装设计思维并不是某种单一能力，而是将多种能力有机结合的一种综合能力。通过进行大量的专项训练能够提升服装设计思维。经过练习，具备常人所不具备的设计思维能力，服装设计师可以创作出更加优秀的作品。通过方法提升思维能力，进而提升设计能力，理论与实践相结合，将想法变为现实。

第一节　创意性思维训练方法

　　创意性思维主要是以解决实际问题为出发点来进行思考的，创新创意就是抛开旧的、创建或产生新的思想和概念。就设计思维本身来讲，不同的思维形式有着不同的作用，我们将从五个不同的角度来学习提高创意性思维能力的方法。

一、逻辑思维创意训练

　　设计师在进行设计活动时，需要根据设计目的来确定设计过程需要解决哪些问题，这就需要逻辑思维参与其中。逻辑思维是有条理的、前后一致的，在设计师进行判断、比较、综合等思考时，就是逻辑思维发挥作用的时刻。逻辑思维将感性认识上升为理性认识，将头脑中的灵感、思考等思维信息加工成现实中可以呈现的具象实物，逻辑思维是设计师将想法实物化的有力武器。

　　根据逻辑思维的特征，我们可以用两种手段进行训练，一种是以实践为基础，设计师在计划一个设计方案时，根据构想的方案对该计划进行分析、推理，并且将想法通过绘制草图的形式呈现出来，从而判断该草图是否达到预期的效果。通常来说，预想的效果与实际的效果必然是有一定的差距的，运用逻辑思维的推理可以令实际效果更加接近预想的效果，在此过程中需要不断地积累经验与教训。因此，逻辑思维的训练可以通过实践得以实现。另一种是以理论为中心，通过逻辑思维技法严谨地推断设计的可行性，尤其是在设计中逻辑不通的点，能够提前修正，令其与主题更加贴合。理论知识中的思维技法将设计过程规范化，但这种规范并非死板的，而是根据规范的顺序进行灵活的调整，将设计内容逐步完善，最终形成完整的设计方案。

　　简单概括逻辑思维的特点，首先是条理清晰，有条不紊，在进行设计时，做好规划，清晰地知道自己下一步该做什么，并按照规划的进度进行。其次是主次分明，设计进行到任何阶段都能知道设计的重点是什么，次重点是什么，能够合理安排比重。再次是具有系统性，在设计时能够全面地将设计内容进行整合，全面看待设计问题。最后是能够透过现象看本质，在进行设计时，能够通过外在的表象深入了解事物的本质，但是这个前提是要通过实践活动，只有通过实践，才能对现象有一个全面的认识，进而通过外在的表象深入事物的本质。

逻辑思维的训练首要以实践为主，在服装设计的过程中，逻辑思维具有预判能力，优秀的逻辑思维能力能够帮助设计师提前判断设计方法中的漏洞，起到查漏补缺的作用。在实践过程中运用逻辑思维要以一个方向为中心进行发散，按照实践过程中发现的问题，通过以往的实践经验辅助，思考设计方案是否可行。在以理论为中心进行训练时，通常以比较思维法和递推法进行设计思考。比较思维法，按照对象的不同分为同类比较和不同类比较；按照形式的不同可以分为求同和求异比较。在服装设计中，尤其是成衣设计，更能体现出比较思维法的价值，可以依照服装款式的不同进行比较分析法的练习，通过比较款式之间颜色的不同，不同颜色中销量的高低，就可以得出更受人们欢迎的同款式中的颜色。而递推法，是指通过因果关系或是层次进行一步一步的推理。在服装设计过程中，可以以递推法来思考最终的呈现效果与理想效果是否有区别，例如，想象中的效果是以海洋为主题，表现的是飘逸灵动的感觉，在实际应用过程中，却应用了厚重的面料，就可以从这一点出发进行递推，提前得出该面料与自己想要的效果不合适，进而进行修正。

二、形象思维创意训练

当下社会物质资源极为丰富，消费文化盛行，服装文化已由传统的注重功能性的特点转向追求审美。几十年前，北方的人们所穿着的衣服以保暖为主，既厚实又实用，但是对于审美方面的追求较低，北方冬季的寒冷让人们不得不以功能性为前提，所以厚重、臃肿的棉服、羽绒服成为人们的首选。但现在，北方地区的衣服也更加注重审美体验，即使是以保暖为主的衣服也要尽量展现人们的身材、品位，这是当今发达的视觉文化带给服装设计理念上的变化。服装设计师所要思考的是如何通过服装去传达情感，表现人的身体美，通过视觉语言构建服装设计的新路径，将审美与功能并重，这些都要求形象思维的参与。形象思维本身就受到视觉的影响，当今服装设计在思考创新创意的问题时，首先就应该运用到形象思维。

形象思维指的是通过直观形象和表象解决问题的思维，形象思维同样属于人本身所具备的本能思维活动，相较于初级的形象思维仅限于看到什么就会联想到什么，设计师在应用形象思维时会更加复杂，在进行设计活动时，会对头脑中的形象进行抽象概括，并形成新形象。服装设计师在进行设计创作时，首先要去看很多东西，在看的同时对看到的内容进行加工处理。这个阶段往往是在设计师进行收集素材的过程中完成的，形象思维会将收集到的信息进行初步的加工，进而产生设计的创意点，将看到的形象在大脑中重组、综合，并根据自身审美以及想要表现的主题内容完成对服装的初步设计。

形象思维的训练就是通过联想、想象，将意象中的场景画面转换成形象基础，在此基础上进一步深入地设计，在训练的时候可以通过几个特定的方法进行。

（一）模仿法

模仿法是以某种原型为参照，对原有的形象进行加工，综合利用参照对象的特点，对形象进行加工处理。在服装设计中，服装的仿生设计更多地应用了模仿法，服装的仿生设计是指，通过对动物、植物以及自然界中的物质进行外在形态以及内在含义的研究，对其形态以及功能的部分进行模仿。在仿生设计中，可以只应用对象的外在形态，也可以只模仿功能性的特点，应用在服装设计中。

在以模仿法进行设计时，一定要注意观察，如果以植物作为模仿的对象，就要去观察植物的特征，如叶子的造型特点，如观察每个时期的不同表现。进行观察后，对原本的形象进行新的加工处理，可以将叶子的造型进行几何化处理，将其中的一些细节去掉，保留最能体现其特征的元素。模仿法的使用一定要建立在观察研究的基础上，只有对模仿对象有着深入的了解，才能够保证在将其简化的情况下不丢失其精髓。中国香港设计师云惟俊（Robert Wun）就将兰花的造型特点与服装结构相结合，将兰花柔美、自然的特点与服装结合，呈现出一种优雅的风格（图3-1）。

图3-1　云惟俊（Robert Wun）设计作品

在进行服装设计时，想要去设计一个动物主题的作品，那么首先就可以想到应用模仿法，向一个方向进行联想，例如从动物开始，可以是狐狸、狮子、鹰，然后根据之前的动物形象再去进行细化，它们的毛皮颜色是什么样的，有着什么样的触感，也可以从动物的姿态出发，它们在走路时的姿势是什么样的，这些都可以作为模仿法的素材。例如，杜旸（Du Yang）在2012年秋冬的"Why do Full in Love"系列中，用仿生的手法创造了在世界末日小动物们争先登上挪亚方舟的情景。名为"猫头鹰"小姐的服装和名为"鳄鱼先生"的红绿色撞色围巾（图3-2），表达了杜旸对世界末日预言的一种黑色幽默式的调侃，营造了诙谐逗趣的氛围。

这种以动物为原型进行的设计，也是模仿法的一种表现，将动物的特征与服装进行结合，模仿法在应用过程中十分灵活，设计师的灵感无限，模仿法所应用的范围就是无限的，设计过程中如果遇到没有灵感的时候，可以试试用模仿法能否将设计进行下去。

图3-2　杜旸2012年秋冬系列

（二）移植法

移植法是指将一个领域中的原理、方法、结构、材料以及用途等移植到另一个领域，从而产生新事物的方法。服装设计中的移植法更加灵活，还可从其他的艺术领域，如绘画、建筑、文学、音乐等相关领域寻找灵感，并将之应用在服装设计上。

移植法的应用首先要对另一个领域的相关知识有一定了解，如果想要将一幅绘画作品移植到服装设计中，首先就要对该绘画中的色彩、构图、主题等内容进行学习，然后在将绘画作品移植到服装上的时候需要考虑花纹图案的位置、色彩的搭配，令两者有机结合。同时要思考当二维平面呈现在三维立体的人体上时，怎样能表现出两者结合的美感，这时就需要创作者灵活地运用移植法，将绘画中的元素合理地植入服装设计中，既不丢失绘画作品原本的美感，又能发挥服装灵动飘逸的特性。Julien Dossena在Paco Rabanne的2023年秋冬系列中，为纪念著名的超现实主义画家达利，以达利的五张油画为灵感创作了服装系列作品。例如，图3-3中的设计作品是以达利1958年创作的《冥想的玫瑰》（*Meditative Rose*）为蓝本进行创作的，将绘画的梦幻与服装的灵动相结合，给人一种如梦似幻的感觉。

2021年Louis Vuitton在卢浮宫举办了一场时装秀，这是Louis Vuitton第八次在卢浮宫举办时装秀，在卢浮宫的华丽建筑风格以及精美的雕像下，这次秀场的风格也从中汲取了养分，服装上的花纹、配饰上的图案都以雕塑元素或是建筑元素为主，将古老的元素融入新潮的氛围。在这场大秀当中，设计师所应用的方法就是移植法，将建筑、雕塑领域的艺术元素移植到服装上，令其细节更加丰富，并赋予了服装新的内涵（图3-4）。

图3-3　Paco Rabanne 2023年秋冬系列

图3-4　Louis Vuitton 2021年时装秀（图片来源：*VOGUE*官网）

（三）组合法

组合法是将两种或者两种以上的事物进行元素提炼，并利用提炼出的元素进行新的组合，产生新的功能或将现有的功能进行优化。组合法中比较常见的有同类组合、异类组合、主题附加组合、重组组合四种。组合法是进行创新创作的有效手段，爱因斯坦曾说过："找出已知装备的新的组合的人就是发明家。"晶体管的发明者肖克莱也曾说过："所谓创造，就是把以前的发明结合起来。"

在应用组合法时，要将服装设计的基本要素重组。通过对服装的面料、款式以及色彩进行拆分组合，产生新的服装。利用组合法，可以将不同的设计语言与面料效果糅合，带来不同的视觉效果，但又能将这些不同之处统一在一个整体系列当中。在当今的设计环境下，组合法的应用尤为重要，大多数的创意创造活动都是以组合法为主的。在rurumu2023年春夏系列当中，设计师东佳苗（Unagi Kanae）将蕾丝、褶皱花边、兔耳朵头饰、丝带、纱巾等元素进行组合（图3-5），并以蝴蝶、花朵等图案进行装饰，构成了充满浪漫氛围的服饰造型，既充满华丽色彩又具有可爱元素，组合法在应用时可以消解掉一些冲突的元素，将它们融合进一个新的整体中。

Coperni2022的春季成衣秀"Spring Summer 2022"，将秀场搬到了一个沙滩跑道上，树林与沙滩组合体现了盛夏的光景，服装中运用了许多拼贴画的元素，外星人、阴阳符号、表情符号中的笑脸等都融合在一起，将盛夏的景象与现代化的元素进行组合，形成了一种新奇而又复古的奇妙风格（图3-6）。组合法将各种不同的风格融合在一起，产生新的化学反应，将旧的元素风格转变为新的潮流时尚，在应用组合法时，不要陷入思维定式，要不断突破自我，方可找到最合适的表现方法。

图3-5　rurumu 2023年春夏系列　　图3-6　Coperni 2022年春季成衣秀

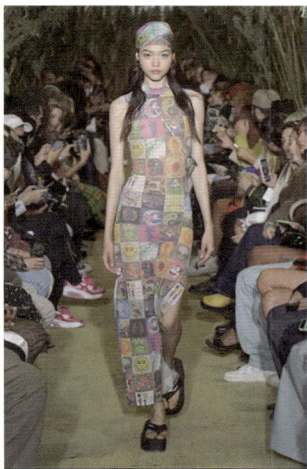

（四）想象法

在形象思维中，想象是构成形象思维的重要一环，想象是感性思维，通过人脑的加工创造所形成的意象。想象法则依靠想象的类型，对想象的内容范围进行界定，从而使想象思维的内容更加丰富且更具创造性。想法的主要类型有有意想象、无意想象、再造想象及创造想象等。有意想象是指有明确目的、有意识的想象，是在确定好范围之后进行的想象活动。无意想象是指没有经过主观的干预，无目的的想象活动。再造想象是指在一定的前提下进行的想象活动，如看到了某个秀场的服装表演，或是听到了关于某件服装的描述而产生的想象。创造想象是指根据一定的指向性，在大脑中创造新的形象的思维过程。

想象法的应用一定要有一个确定的主题，想象的内容要有边界，例如，进行浪漫主题的设计，大脑中首先可以进行场景设定，在这个特定的场景中会出现什么样的事物令人感觉到浪漫，然后就是对服装进行想象，在这个场景中适合哪种材质，服装的款式如何，到这一步，想象的内容就可以基本确定了。这时候就需要按照想象的内容去实现，但是要注意，在进行实现时只能是无限接近于想象的内容，但不能一模一样，想象法的最终实现还是需要实践，将脑海中的画面呈现到现实当中，才是想象法的应用。在Rodarte2022年秋季系列当中，设计师呈现了一幅浪漫、华丽的作品，长礼服、纱裙在粉色的背景下显得如此梦幻（图3-7），天马行空的想象力在设计师的手中化为了现实，想象法的美妙之处就在此，出人意料又在情理之中。

想象本身不受时间与空间的约束，因此可以最大程度发挥自身的创造性，服装设计师在应用想象法时，要大胆设想，赋予作品以澎湃的激情以及无限的生命力。想象的创造力十分强大，例如龙的形象，在中国，龙是一种吉祥的象征，行云布雨、日行万里，龙的形象也经常被应用在服装上，皇帝的衣服称为龙袍，代表着无上的地位，这种通过想象创造出的形象拥有了更丰富、更多元的内涵。

Yuima Nakazato 在 2009 年以自己的名字创立了同名品牌，2022 年，他以神话生物奇美拉为主题，举行了一场超脱现实的梦幻大秀（图3-8），将神话世界放到了现实当中。在本次的作品中，设计师将建筑、工程、舞台、3D等各领域的技术凝聚在一起，将先进的科技与古老的神话结合，构造出朦胧曼妙的神话世界。在这次的时装秀中，设计师将想象法发挥到了极致，通过虚构的神话生物奇美拉，将其特点用在服装设计中，完成了这次创作（图3-8）。想象法在应用时并不是毫无根据地想象，而是根据已有的，通过大脑的重新加工而产生的新想法，将想象中的抽象元素化为可以具象的实体。

图3-7　Rodarte 2022 年秋季系列　　图3-8　Yuima Nakazato 2022 年春夏系列大秀

形象思维体现了创作者的审美，设计师在进行创作时应用到的想象、情感表达、创新创造，都是设计师形象思维的体现。形象思维既有理性的思考，也包含感性的表达，设计师在运用形象思维时要通过两方面进行，不能因过于追求理性而忽略了服装的情感传递，也不能因过分追求感性部分而忽略服装的功能性。设计师要在把握形象思维的过程中灵活运用各类方法，令服装作品更具表现力。

三、逆向思维创意训练

逆向思维是指将人们习以为常的思维习惯进行反向思考，打破原有的思维定式，从而创造出新形式，逆向思维由于打破了人们的常规认知，所以往往是新奇的设计形式，出乎人们的意料。

在日常生活中，每个人都会因自身的经历、教育以及认知等形成自身特有的价值体系，而大多数人会在一些共同之处有着相同的认知，这些认知就成为思维定式。思维定式对于人们的日常生活是有积极作用的，利用思维定式可以迅速解决现实问题，从而避免自身陷入麻烦的旋涡。但对于设计思考来讲，思维定式往往是消极的，设计师的思维会因思维定式而僵化，这种情况下，设计师会缺少创意灵感。所以对设计师而言"陌生感"是一个重要的概念，也是逆向思维能够提供给设计师的重要方向，日常生活中的事物对于生活中的自己来讲是熟悉的，但一旦带入设计思考中，所有的东西都要是新鲜的，并且是要有活力的，逆向思维会通过对日常见到的事物进行反向思考而带给设计师更多的灵感。

在使用逆向思维时，首先要确定主题，根据主题以及主题的相关衍生物进行反向思考。例如，在进行男装设计时，可以反向思考女性服装的代表性特征，如代表女性的荷叶边、蕾丝边、渔网袜等，这些元素通常来讲是应用在女装上的，而通过逆向思维的思考训练，可以思考将这些元素应用在男装上会有什么样的呈现形式。逆向思维的特点和优势是打破思维定式，设计出具有颠覆性的服装作品。在Blindness 2018年春季系列中，就颠覆性地将女性服装中的元素应用在男性服饰上，像是蕾丝花边、荷叶边、珍珠脸饰、丝袜等，这些元素代表着女性的柔美与性感，设计师Shin Kyu和Ji Sun Park将这些元素大胆地应用在男性身上（图3-9），打破了性别的界限，同时服装剪裁干净利落，虽然是以女性的饰物元素进行设计，但是利落的线条也体现了男性刚硬的特点，体现出一种中性化风格。在进行逆向思维训练法时，要大胆打破思维定式，在主题内容上进行反向思考，呈现出与日常所见截然不同的审美体验。

John Galliano在Martin Margiela的2023年秋季成衣秀场上，使用了大量的解构手法，

图3-9　Blindness 2018年春季系列

图3-10　Martin Margiela 2023年秋季系列

将原本只适用于华贵服装的头纱应用在多种造型上，将薄纱、渔网、帽饰与之结合，造成一种冲突的氛围感。这种方式打破了原有的思维定式，将人们所熟悉的元素进行了重组，给人一种熟悉而又陌生的感觉（图3-10）。

四、发散思维与收敛思维训练

（一）发散思维

发散思维指的是从已经明确的关键点出发，进行多角度的思考，并能延伸出不同的答案，这种思维方式具有发散的特征。

通常情况下，人们在思考问题时会偏向逻辑思维，种下某种原因得到某种结果，这种思维模式是线性的，从一到二再到三到四，思维之间是连贯的，并且不需要一直从头梳理，只要能得出结论就好。但发散思维与之不同，发散思维是以某一想法为核心，进行多角度、多方向的思考（图3-11），在思考过程中会经常回归到最初的问题，在将想法完善到一定程度时，这个想法的内容需要保留，然后继续回归最初的问题，进行重新但不同方向的发散性思考。发散思考会得出许多不同的想法，设计师要在这些想法中再进行精心挑选，对这些更加成熟的想法进行发散思考，在这一阶段，由于经过了一轮挑选，所以目标以及设计方向都会更加明确。

对于发散思维来讲，需要的是多方向和多角度，当感觉某一想法很难进行深入思考

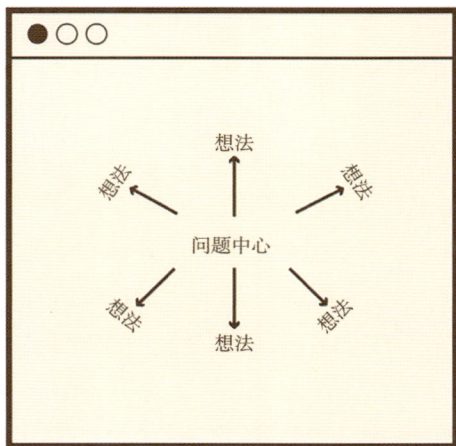

图3-11　发散思维从一个问题中心出发，进行多方向的思考

时，要迅速转换思维，避免思维僵化。在运用发散思维时，首先要注意对于发散点的选取，发散点不是固定的，要在设计条件下或是已预定的目标下进行探索。其次要注意的是时刻进行记录，以思维导图的形式进行记录，可以是图像，也可以是文字，不追求细致，只是将想法记录。在整理过程中，再次进行思考，在多个层次上思考更好的设计方案，在设计灵感、主题或服装的面料、款式以及形状大小等方面，通过这种方式将设计思路完善。

发散思维最主要的用途就在于最初的设计创意的思考，发散思维通过提供数量众多的方案，设计师能够更加清晰地选择更加优质的方案。

（二）收敛思维

收敛思维是在拥有一定的信息之后，将所有的信息进行整合处理，在整合完成后使设计方案更加完整，收敛思维与发散思维相对，主要是将信息收拢聚合，因此又被称为"聚合思维"（图3-12）。

收敛思维相对发散思维而言，更加偏向理性化，发散思维则更多的是感性思考。在设计之初，思路尚未完善，需要更多感性的思维活动，所以在此时不需要收敛思维的参与，收敛思维的理性思考会过多否定想法的正确性，以至于会出现各个方向

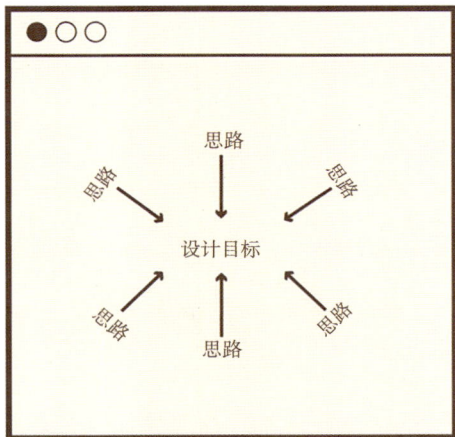

图3-12　收敛思维要整合所有思路，朝设计目标靠近

都不对的情况。所以收敛思维一般是在设计过程的中后期进行的，将感性思考中不成熟、不完善的地方进行补足，将原本的构想进行完善。

在收敛思维的运用过程中应当注意，首先要做到理性冷静的思考，要全面检查设计方案中的所有方面，以一种旁观者的角度来分析看待设计方案，尽可能地发现其中存在的问题。其次是要以解决实际问题为切入点，在设计过程中会遇见面料不适配、结构错误等诸多问题，这些问题所需要的是收敛思维的参与，提出能够解决问题的具体方案，或削减或改变效果，直到最终完善。

五、横向思维与纵向思维训练

（一）横向思维

横向思维指的是通过服装本身之外获得其他的有用信息，通过在其他相关领域获取

灵感，反哺到服装设计上，这种获取灵感的方式并非来自服装以及服装的相关方面，而是来自其他方面的就是横向思维。

在日常生活中，有许多内容都可以作为服装设计的灵感来源，大自然中的植物、动物、山石，这些事物都为服装设计提供了取之不尽用之不竭的灵感，其中的色彩、造型都可以运用到设计当中。而设计师在看到这些日常生活中常见的内容时，会联想到在服装设计过程当中如何应用，这就需要长时间练习与应用横向思维的能力。

Rahul Mishra 爱好大自然中的一切，他将自然中的花卉等植物作为设计的灵感，创造出绚烂多彩的服装，服饰中的色彩、花纹全是源自自然风光（图3-13）。这种设计手法就是横向思维的运用，不局限于服装的内容，而是将目光投向更广阔的大自然，将设计融入其中，设计作品自然展现出一种自然的旺盛活力。

图3-13　Rahul Mishra 2022年春季系列

在应用横向思维时，需要注意的是：第一，要有一定的洞察能力，能够发现生活中的美感，发现美是应用的前提，如果没有一定的审美基础，也无法捕捉到灵感来源。生活中的美是实在的，这种实在需要经过设计师的审美之眼进行改造，需要有一定的洞察能力才能发现这种美，并将其改造为设计中的灵感之源。第二，是要将生活之美进行转换，拥有发现美的能力之后，便是应用，能够将发现的美应用在设计之中，才是设计的目的。服装界的许多设计大师都拥有类似的能力，他们从建筑、植物、抽象图形、光影等都能提炼出震撼人心的美感，并将其用服装进行表现。横向思维的创造之道，在于生活，在于细节。

（二）纵向思维

纵向思维指的是连贯的、深入的思考，在于对服装领域的深度理解，纵向思维具有承上启下的功能，能够通过借鉴前人的思考来推演之后的内容。不同于横向思维的多面性与宽广度，纵向思维是对单一领域进行的，对于服装设计而言，纵向思维的能力能够帮助设计师去理解并预判潮流趋势，去发掘服装设计中可能存在的未来方向。

纵向思维是要将原本杂乱、庞大的信息进行提炼，转换成为精炼的内容，设计师在应用纵向思维时，要收集大量的资料、优秀的作品、现今流行的趋势等，并对这些内容进行整合以及精简，转换为符合自身要求的，并能应对潮流趋势的设计内容。纵向思维要求设计师拥有简化事物的能力。

Brunello Cucinelli的设计作品典雅美观，这种设计需要深入了解服装的每一处细节，让细节为服装的整体观感服务，给人一种和谐匀称的舒适感（图3-14）。纵向思维所需要的是设计的深度，只有在对设计内容了如指掌的时候，才能不断深化设计的内容。在运用纵向思维时，要注意的是：第一，能够收集足够的资料，纵向思维并不是凭空得来的，是建立在足够的信息量的前提下得来的，通过足够的信息才能了解服装的发展以及转变的过程，能够发现存在其中的规律或是前人未做到之处。第二，能够进行总结与修正，在进行总结的过程中，通过精简信息，得出结论，在这种前提下，不仅能够得出现今的流行趋势，甚至能够预判未来的发展趋势，这种能力不是来自直觉或是审美倾向等感性的思维，而是由理性地分析总结而得出的结论。在此过程中，会发现之前因技术或是设备上的不足而导致的缺陷，现今可以更加轻松地解决，利用今天的技术、设备，将其转换为新的设计内容，这种做法看似简单，但是要深入表现其内涵，就需要纵向思维的参与。

图3-14　Brunello Cucinelli 2023年春夏女装系列

第二节　设计思维能力训练方法

设计思维能力是一种由数种能力共同结合发挥效用的综合能力，作为一种综合能力，主要是由洞察能力、联想能力、想象能力等几大类构成，除此之外，古为今用、洋为中用的思维能力也能够在设计活动中发挥巨大作用。在进行专项训练时，要根据每种能力的特点，有意识、有目的地进行训练。

一、洞察能力训练

洞察能力的基础是观察能力，洞察能力是一种有目的、有计划的知觉活动，洞察能力是在一般知觉能力的基础上进行的，以视觉为中心，对某一特定对象进行观察和思维的能力，并能够理解其表象以及本质的能力。洞察有看穿之意，在观察的能力之上才是洞察，因此，在培养洞察能力时，要以观察为基础，然后去理解、思考事物的本质属性，以设计师的眼光去发现事物的美。

文艺复兴三杰之一的米开朗琪罗曾这样描述他的雕塑过程："其实这形体本来就存在于大理石之中，我只是把不需要的部分去掉而已。"洞察能力能够直指事物的本质，米开朗琪罗在雕塑过程中看到的并不是大理石的表象，而是通过一位艺术家所特有的洞察能力，发现了大理石中所蕴含的美。洞察能力的基础是观察，观察是进行一切思维活动的基础，所有人都具备观察能力，但是大多数人所具备的观察仅仅是局限于表象的观看，对于设计师而言，能洞察生活中的美，要从观察事物开始，然后才能去洞察事物的本质，挖掘身边存在的美。

对于洞察能力的训练，设计师要带有目的性地去观察，并去思考观察的事物如何能够应用在设计作品上。首先是要对于美的事物有足够的敏锐直觉。设计师要去培养自身的审美观，去体悟何为美，观察自然，感受大自然的鬼斧神工，配色、构图、造型这些基本能力都可以通过观察自然去学习，像是苏州园林的景观特点，讲究移步异景，通过景观之间的穿插构成一种和谐雅致的整体形象，这种做法就是设计中形式的构成，可以以此作为设计灵感应用在服装中（图3-15）。美国黄石公园中的大棱镜彩泉色彩丰富浓郁，这种极致的色彩搭配是大自然鬼斧神工的造化，其色彩的组成也可作为服装的色彩搭配进行设计应用（图3-16）。其次是形态之美。人体的动态线条、服装的飘逸动态、汽车的流线型都为设计师提供了无限的灵感。最后是其他设计师、艺术家的作品。他人的作品展现了这些艺术家、设计师独特的美学视角，分析了解这些作品，也能为设计师提供新的方向。设计师通过以上三方面的观察练习，能够更快捷地培养出洞察美的能力。

除此之外，设计师还要能够对新出现的事物有所了解，如新的时尚、潮流风格、设计技巧等，而这些就要求设计师拥有灵敏的时尚嗅觉，在观察潮流时尚时才会培养出洞察潮流风格的能力。最后，设计师要去观察具有精神内涵的事物，如中国传统的建筑、瓷器、服装等，设计师在观察这种类似的事物时，还要了解其背后的历史、精神。2005年，佳士得拍卖行拍出过一个最贵的青花瓷，价格高达2.3亿元，拍卖的价格如此之高不仅是因为瓷器本身年代较久远，还在于其身上的花纹是一幅鬼谷子下山图，这幅画描述的是战国时期孙膑的老师鬼谷子在齐国使节苏代的请求下，下山搭救被围困的孙膑和独孤陈。此有出山救天下之意，并且这个瓷器是在明初期制造的，正好对应了明太祖朱元璋的创业史，作为帝王的象征同样为这件作品增加了价值。设计师在观察历史上的物品时，要能读懂其背后的历史与精神内涵，才能达到洞察设计文化的程度。

图3-15 苏州园林

洞察能力也体现在细节上，设计师在观察任何事物时，要着重对细节的观察。细节体现了这一形象的意义与作用，并传达出情感、情绪，能够对此有所理解，就说明具备了一定的洞察能力。观察细节时，还要思考如何运用，如何将这种细节转化为自己的设计作品，设计师的洞察力就在于对细节的处理，如观察羽毛的时候就需要观察羽毛的各种细节，颜色上的许多变化，结构的转折上也有很多细微的变化，这些都需要仔细观察才能得出（图3-17）。在2018年中国国际时装周，JUSERE绝设品牌举行了以"莲语"为主题的大秀，将莲花的各种细节融入服装设计，含苞待放之时，花朵盛放之时，以及莲花的根、茎、叶都化为设计的元素被

图3-16 美国大棱镜彩泉

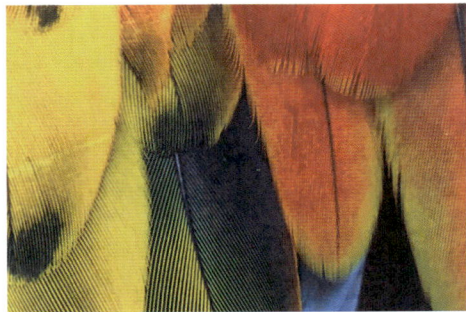
图3-17 鹦鹉羽毛细节

安置在服装细节之中（图3-18）。

洞察能力的训练也需从自身思考，这种训练方式主要分为三种：一是兴趣，在进行洞察能力训练时，兴趣具有重要作用，人会首先观察自己感兴趣的事物，当看到自己感兴趣的东西时大脑就会处于活跃状态，时刻高度集中注意力。对于服装设计师来说，时装秀场、服装店面甚至日常出行看到的服装，都可能勾起兴趣，在学习服装设计的过程中，培养这种对服装设计的兴趣，了解面料、花纹、款式的相关知识，就能够对眼前看到的一切有新的理解，从而达到对服装感兴趣的程度，这是服装设计师培养洞察力的基础；二是好奇，洞察能力是以主观意识为转移的，服装设计师只有在对设计作品感到好奇时，才会深入地观察细节，观察更多的作品，达到能够洞察设计作品的一般规律的程度，并思考自己在做设计时应该怎么做；三是专业知识的学习和专业技能

图3-18　JUSERE绝设品牌2018年高定婚纱——莲语细节
（图片来源：POP服装趋势网）

训练，专业的知识为设计师的培养提供了更多的经验，当设计师去看一个设计作品时，专业知识为洞察能力提供了理论支撑，只有不断地进行专业知识的积累，才能快速提升洞察能力。

二、联想能力训练

联想能力，是人脑迅速通过某一人或某一事物关联想象到另一与之相近的人或事物的能力。联想与想象不同，想象是通过某一事物想象到可能存在的人或事，而联想是从一个真实的事物关联到另一真实的事物之上。

联想的基本概念是由某事物或概念产生的印象，进而联想到与之相近的某一事物或概念。联想是每个人都拥有的基本思考能力，在日常生活中，会经常用到联想的能力。联想能力可以分为两种，第一为自由联想，自由联想的主要作用是让大脑得到放松和休息，在这个过程中告诉自己可以无所顾忌，尽情地去想象，没有限制，自由联想可以发现自身的真实想法，能够令大脑活跃，思维更加敏捷，但自由想象是无意识、无目的的，所以在服装设计过程中，自由联想主要是提供一些前期的创意想法。第二为控制联想，相较于自由联想，控制联想不再是无目的的思考，而是专注、有目的地进行，运用

图 3-19　Iris van Herpen 2015 年春夏系列

图 3-20　高速摄像机捕捉到的水

控制联想可以促进服装设计的进程。

联想能力不同于想象力，联想是根据一种事物来进行联想，相比想象力更加具象，在应用联想力时要注意观察生活，尤其是生活中的常见物品在与服装面料发生联系时，就需要联想能力的参与。例如，水碰到服装时发生的变化，那种一瞬间的张力所迸发出的美感，可以联想到水运用在服装上的效果如何。Iris van Herpen 在她的 2015 年春夏系列中，就将水溅射时的状态与服装设计相结合，她以 3D 打印技术，将水花四溅的瞬间做成实物，构成了一件自然生动的设计作品（图3-19）。作品在进行设计时首先以黑色或无色的水泼在模特的身上，然后再用高速摄像机进行捕捉（图3-20），把捕捉到的画面以3D打印技术进行呈现，然后再与服装设计相结合，这一服装系列体现的就是设计师的联想能力。

在训练联想能力时，首先要以训练控制联想为主，在设计过程中对设计范围进行限定，能够高效地提升设计想法的多样性。但同时也要注意进行自由联想，让想法飞舞，获得更多具有新意的创意想法。如此训练，对服装设计能力提升大有裨益。

三、想象能力训练

想象是人脑对已有的表象进行新的加工与改造，形成新形象的过程，想象是一种创造行为，与联想不同，想象是可以通过已知存在构建未知形象的。

想象能力同样也属于每个人都拥有的基本能力，这种能力能够跨越时间与空间的间隔，描绘出令人遐想的世界。想象可以分为基本的两种。第一种是无意想象，无意想象指的是不由自主产生的想象，没有目的性，是一种不自觉的行为，对于设计师而言，无意想象并不利于设计的进行，甚至会干扰正常的设计。第二种是有意想象，有意想象是通过预先设置目标，有目的、有方向地进行想象，在设计师进行设计创作的过程中，运用最多的想象能力就是有意想象。

在进行想象力训练时，可以通过确定一个主题，根据主题内容进行有目的的想象，将主题的一种抽象想法转换成一种明确的实物。例如，主题是欲望与贪婪，在进行服装设计时，必须将这种极为抽象的主题转换为一种具象的表现力，可以通过关键词去想象相关的文学作品或是与之相匹配的形象，如许多动物的形象其实就与这两个关键词有关，狮子、老鼠等动物就可以作为设计主题进行表现，接着用此形象与服装设计作品相结合，设计成品。在Schiaparelli 2023年春夏大秀中，设计师Daniel Roseberry以著名古典文学家但丁的《神曲》作为灵感来源，将代表欲望、骄傲和贪婪等抽象概念以动物形象进行表现，分别以豹、狮子和母狼作为主题，设计出了高级定制礼服（图3-21）。

图3-21　Schiaparelli 2023年春夏高定

在进行想象能力的训练时，有三点需要注意：第一为生活观察，想象力的发散需要有足够的积累，生活中的所见所得，设计中的经验教训，都是想象力的来源，在生活中，要注意观察，如果少了日常生活中的积累，想象力就会贫乏；第二为加工再造，在生活中观察到的事物，要对其进行加工再造，思考其在服装设计中应如何应用，会有什么样的表现力，将想象变为有价值的成果；第三为主动思考，在确定好一个方向的情况下进行主动的想象，有意识地引导自己去进行相关的想象训练。

想象能力的训练，儿童的效果比成年人更好，儿童不受思维定式的影响，经常会有一些别出心裁的想法，艺术家毕加索也曾说过，其毕生的追求就是像儿童一样画画。对于设计师而言，设计中想象力的发挥，也需要像儿童一样摆脱思维定式，成年人比儿童拥有更多的生活经验和理论知识储备，这些都能化为想象能力发挥的助力。设计师在拥有了更多的经验以及知识储备后，应当让自己的内心回归到儿童般的纯粹，对任何事物感到好奇，并且大胆改变原有事物的特征以及性质，摸索服装设计的新高度。

四、古为今用设计思维能力训练

古为今用，指的是批判地继承优秀的文化遗产。古为今用的设计思维能力指的是，通过研究学习中国优秀传统文化，将其以现代的表现方式进行呈现。

古为今用，首先要能确定何为"古"，"古"并不是指一切的传统都要进行吸收借鉴，"古"也并不只是抽象性的词语，它应该是具象的。在服装设计中，古为今用既要有继承性又要有创新性，在现今流行的新中式服装中就巧妙地利用了古为今用的设计思维，将中国传统的盘扣、立领、宽袖等设计元素与现代服装设计相结合，既具备时尚潮流的特点，又兼具中国传统雅韵的风格。

盖娅传说2019年春夏主题"画壁·一眼千年"时装秀，将敦煌壁画的种种元素与服饰相结合，打造了一场美轮美奂的时装秀（图3-22）。古为今用是要将"古"的元素应用到"今"的设计内容当中，让古老的元素焕发新的生机，达到内容上的创新，令这些古老元素更加符合现代审美。

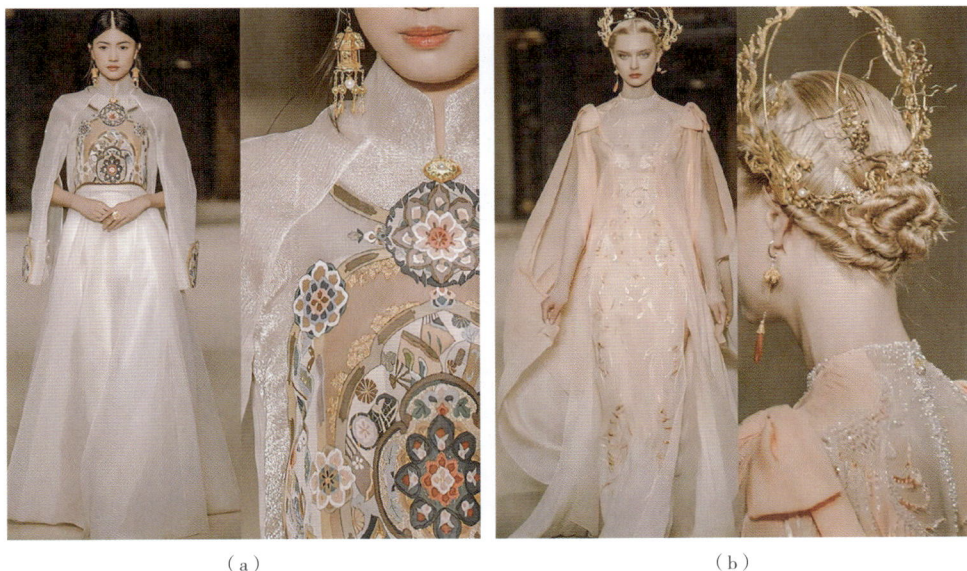

（a）　　　　　　　　　　　　　　　（b）

图3-22　盖娅传说2019年春夏系列

在进行古为今用的设计思维训练时，要注意的有三点：第一，明确哪些是可以借鉴的优秀传统文化。对于服装设计，可以从传统服装中借鉴花纹图案，也可以从水墨画、青花瓷以及戏剧中借鉴造型和色彩，这些也正属于中华优秀传统文化；第二，古为今用要注重创新性，古为今用并不是简单地把之前的内容不加修改地放在今天，现今的着衣风格以及潮流趋势有自身的特点，古为今用要在前人的基础上创新开拓出更加适合今天社会环境的优秀作品；第三，古为今用不可厚古薄今，在服装设计过程中，不应过度推崇前人的技术手段或审美水平，更应在自身设计特点上加以利用，将前人的智慧化为自身设计的亮点，与自身的服装风格贴合，而不是一味照搬。

五、洋为中用设计思维能力训练

洋为中用，即分析、批判地吸收外国的有用的事物。洋为中用的设计思维就是通过对国外的有用东西进行吸收，有效提升自身的设计水平、设计能力。

洋为中用指的是批判继承，对于中国而言，国外的某些技术手段、生产能力等多年以来一直领先中国，中国也一直抱着学习者的心态去面对，但这样的趋势难免会有种"国外的月亮圆"的现象出现。洋为中用是对这种现象的批判，对于服装设计而言，古为今用、洋为中用都是手段，手段的目的是培养提升设计能力，因此既不可过度崇古，也不必过分媚外，以提升设计能力为第一标准。

在盖娅传说2021年春夏系列当中，设计师熊英将修身的西式设计与宽松的中式设计相结合，设计出了"如兰"系列作品，此系列作品以中国的文化元素为基础，加入西式的设计特点。将东方的韵味与西方的干练造型熔炼在一起，表现出一种英姿飒爽的特点，服装中的花纹细节也都是中式元素，青花瓷、山水、荷花等元素巧妙地凝练在服装设计的细节中（图3-23）。

在进行洋为中用的设计思维训练时，有两点要注意：第一，洋为中用要以用为先，不需要过度追求国外的某些审美以及潮流趋势，服装设计在中国有中国自身的审美，需

图3-23　盖娅传说2021年春夏系列

要以国内的现状为第一基准，在吸收国外的设计知识时，要结合国内现状，坚持以用为先；第二，洋为中用是批判继承，不能全盘西化，结合设计实践，在实践的基础上去吸收利用国外的设计手段。

六、综合就是创造设计思维能力训练

综合就是创造，综合指的是将事物或者对象的各部分以及各属性联合成为一个统一的整体，通过综合的方法将各不相同而又有联系性的事物进行组合。综合是建立在分析的基础上的，在了解各个要素之间的知识之后，再综合地运用对象的特性与功能，将其重新组合为新的、完整的个体。

现今的创新创造活动，很大程度上依赖综合的设计思维，在现今的服装设计中，会看到很多综合创造的案例，仿生设计、复古风格等，都是将其他领域的知识或者事物与服装的特点相结合，形成全新的服装设计风格。在仿生设计中，利用动植物的特点，将其或柔软或坚硬的特点，与服装相结合，成为当今服装设计的一大潮流，综合就是创造，人在对万事万物进行感知之后，会对自身所熟知的领域产生新的认知，这时将看似不相关的两者进行结合，便是创新创造的过程。

在Valentino 2018年秋冬高级定制系列中，设计师将多元的文化综合在一起，各类元素相互结合，在这场秀当中，设计师将多种设计风格、服装形式进行结合，形成一种新的设计内容，统一在同一个主题之下，呈现了一场盛大的视觉盛宴（图3-24）。

综合就是创造，综合的前提是对服装各种知识的了解、熟悉，在此基础上，才能做到综合。

在进行综合的设计思维的训练时，要注意两点：第一，综合的前提是分析，要进行综合设计，需要对综合的两者有一定程度的了解，例如，进行仿生设计，就需要拥有足够的服装学知识，知晓各类款式的制作、面料的特性、服装的色彩搭配等相关知识，同时也需要了解仿生对象的知识，了解动植物的相关特点以及功能性等特征，对其原理进行分析研究，深入了解其内在；第二，综合的设计思维既要理性又要感性，综合的设计需要理性思维帮助我们

图3-24　Valentino 2018年秋冬高级定制系列

进行分析思考，但同时也需要感性思维的参与，在综合设计的过程中，感性思维能够帮助设计师进行综合思考，达到令人耳目一新的效果。

第三节　设计思维技法训练

设计思维技法是通过思维的规律而发展出的一些技巧以及原理。思维技法能够帮助设计师提高设计的效率以及开拓更多的想法，在服装设计过程中，设计思维技法可以帮助设计师打开思路，解决在设计过程中遇到的问题。在所有的设计思维技法中，最为实用的当属思维导图法、和田思维法以及仿生法，这三种方法能帮助设计师解决大部分的设计问题。

一、思维导图法

（一）何为思维导图法

思维导图法是由托尼·博赞（Tony Buzan）创造发明的，他也因思维导图法而获得了英国头脑基金会总裁的职位，思维导图在之后迅速蔓延，成为人们在日常工作学习过程中的常备工具。当设计师感到灵感枯竭或是遇到瓶颈时，尝试思维导图法能够有效帮助设计师解决当前的问题。

思维导图基于人脑的构成，人的大脑中的神经细胞就如同植物的枝干一样，呈现出一种放射状，思维导图就是仿照树木的枝干（图3-25），以一个主题为中心，进行发散。这些想法没有限制，可以是音乐、文字、符号，也可以是植物、动物，每一个点都可以发散出更多的节点。思维导图的作用非常有利于图像式思维，对于服装设计师而言，思维导图能够帮助设计师高效且灵活地构想出设计方案。

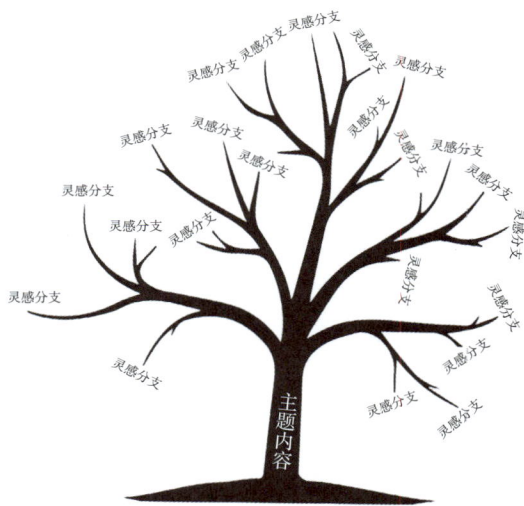

图3-25　思维导图树状结构

（二）思维导图法的步骤

思维导图的制作与使用十分简洁，不需要过多的步骤，但在使用过程中要注意时刻回归主题，确保思维导图的方向与自己所确定的方向无偏差，使用思维导图需要进行三个步骤。

　　第一，确定中心主题词。以一张纸的中心为起点，在中心写下主题词，根据主题词进行发散性延伸，以主题词作为主干，由此画出围绕主题的枝干，在枝干上写上由主题联想发散到的关键词。关键词必须是与主题词有关联的，可以使用字、词以及图像进行标注，尽量不使用句子。

　　第二，添加枝干和联想词。对关键词进行发散联想，从主干上分别画出三四条枝干，在枝干上写下新的联想词，枝干的上方是联想词，下方标注数字已表明是第几层的联想词的层级，关键词的使用仍是词语或图像，不可使用长句（图3-26）。

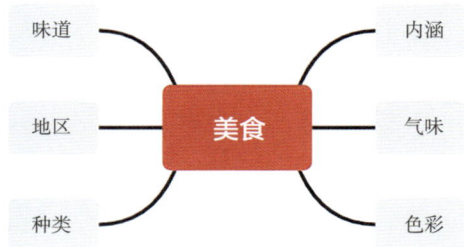

图3-26　主题词和关键词

　　第三，添加分支。在第二层的枝干上再次分出三四条分支，同样写出新的联想词。

　　思维导图的构成就是由这三条呈现的，从主干到枝干，再到分支，思维导图的呈现就像是一棵树，从主干的第一层级到枝干的第二层级再到分枝的第三层级，一般来讲这三个层级就能够解决存在的问题，但如若不能，则可以继续延伸，直到达到目的为止（图3-27）。

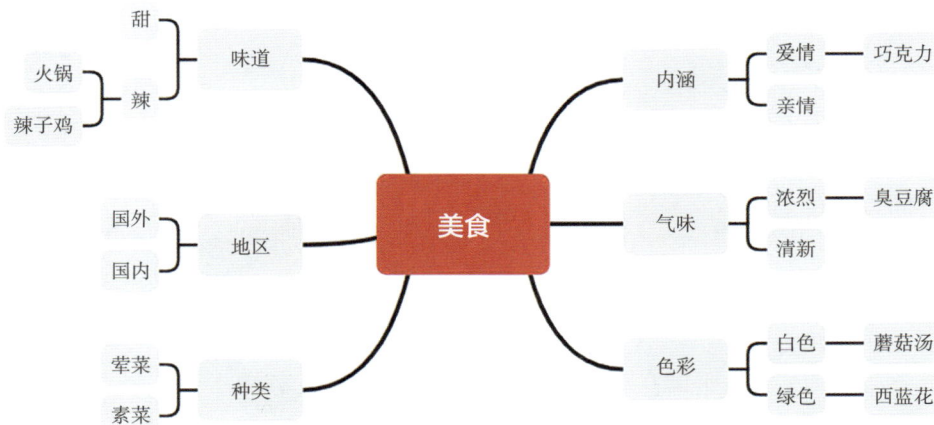

图3-27　枝干和分支

（三）思维导图法的运用

　　思维导图能够帮助人们进行快速思考，解决问题，通过在短时间内获得大量关键词检索相关的图像和词语，解决思维僵化的问题，在运用过程中，有三点要注意。

第一，迅速思考。对问题展开快速的思考，想到什么就记录什么，不去做进一步的思考，在这样的状态下能够保持头脑清晰，同时帮助设计师提升专注度，对大脑潜意识中的信息和图像进行提取。第二，不做深入。不做深入的思考，不必过多地去思索词语的可行性，也不用过多地去管词语是否具有价值，这样做能够充分发挥大脑的创造能力，提供大量的设计灵感。第三，直觉勾画。运用自己的第一直觉，把想到的东西画出来，保证思考的效率。

思维导图的运用能够帮助设计师解决很多现实问题，例如，在服装比赛中围绕比赛的中心主题来制作思维导图，就能够快速地把握中心主题的方向，帮助设计师进行进一步的设计思考。又如在设计大赛中，设计师应用了与水和鱼有关的元素进行设计，以鱼鳞为图案，以鱼骨作为结构，以水纹作为装饰（图3-28）。思维导图法的作用就在于，能够帮助设计师迅速搭建设计的框架，还可以用于解决款式与造型的问题、人体与形态的问题等。在有了基础的设计方向后，便是在此基础上进行丰富和完善，直到设计作品达到理想状态（图3-29、图3-30）。思维导图的应用场景十分广泛，几乎任何问题都可以使用思维导图进行辅助。在完成思维导图后，可以根据思维导图中的关键词进行串联，将几个词连在一起，会发现新的组合，同样可以帮助产生新的灵感。还可以根据关键词编纂一个故事，同样能够激发设计师的想象力，令设计充满新奇的感觉。将词语放在某个特定的情境当中，将其中涉及的对象再次展开联想，思维导图中的想法再次被激活，成为创新创意的来源。

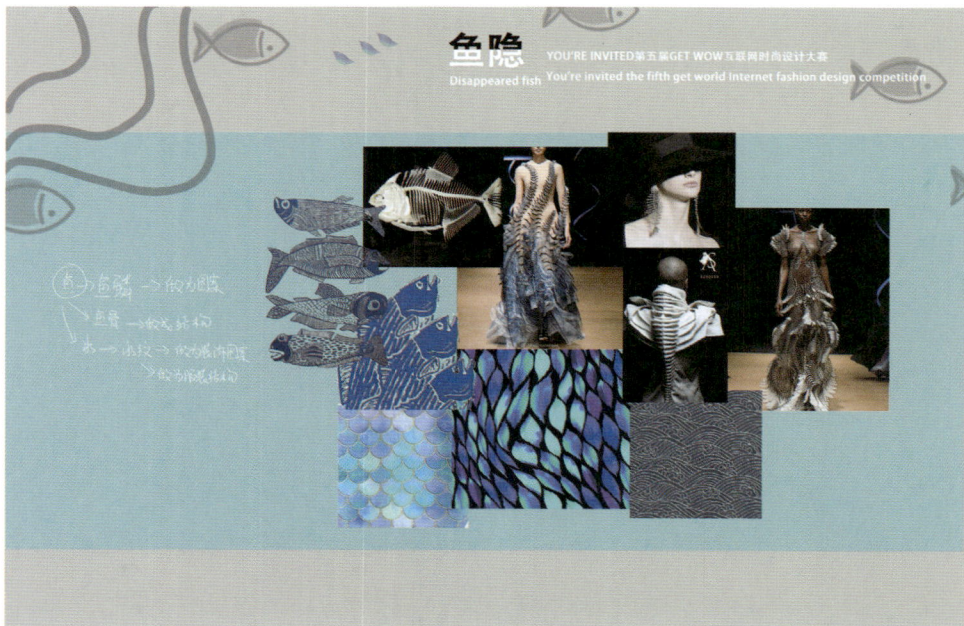

图3-28　设计比赛灵感版

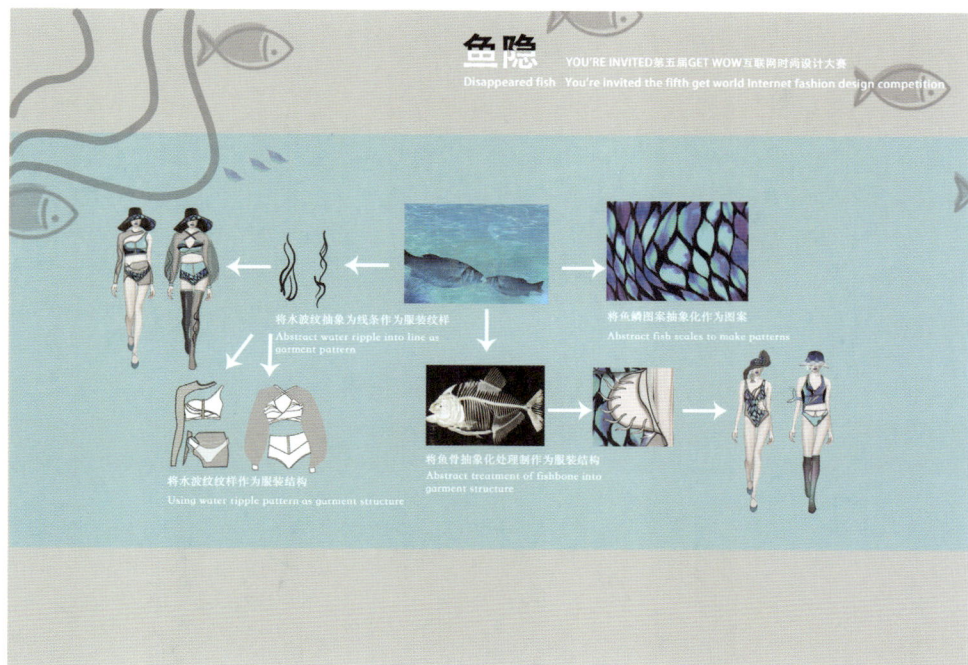

图3-29　设计比赛创作过程

图3-30　设计比赛成稿

二、和田思维法

（一）何为和田思维法

和田思维法即"和田十二法"，是由我国学者许立言、张福奎根据亚历克斯·奥斯本（Alex Faickney Osborn）的"检核表法"继承创新而来，通过在上海和田路小学进行实验，所以称为"和田十二法"。对于服装设计师而言，和田十二法有助于设计师提升设计效率，拓宽思路（表3-1）。

表3-1　和田十二法检核表

序号	检核项目	检核内容
1	加一加	加高、加厚、加多、组合等
2	减一减	减轻、减少、省略等
3	扩一扩	放大、扩大、提高功效等
4	缩一缩	压缩、缩小、微型化
5	改一改	改缺点、改不变、改不足
6	变一变	变形状、颜色、气味、音响、次序等
7	学一学	模仿形状、结构、方法，学习先进之处
8	代一代	用别的材料、方法进行替代
9	搬一搬	移作他用
10	联一联	原因与结果的联系，用联系的眼光看待事物
11	反一反	能否颠倒一下
12	定一定	定个界限、标准

在面对创新创意的问题时，对问题的敏感度十分关键，人们往往在面对问题时倾向于以最简单的方式进行思考，而和田十二法为问题的提出提供了更多的思考，利用这一思维方法，可以令问题更加多样化以及具体化。和田思维法原本的检核表法过于烦琐并且难于记忆，后对其进行了优化，并且对问题进行了浓缩。在原本的检核表法中，总共有75个问题，过多的问题导致了一旦采用此方法就会陷入问题的旋涡，不利于保持创作的激情。和田思维法将原先的75个问题简化为12个项目，即"十二个一"，分别是"加一加、减一减、扩一扩、缩一缩、改一改、变一变、学一学、代一代、搬一搬、联一联、反一反、定一定"。此方法结合中国本土的实际，从中国人思考的角度出发，提

升了思考的效率。对于服装设计师而言，此方法能够帮助设计师厘清设计中的问题，并提供了问题的解决方法，在创新创造过程中提供了有效帮助。

（二）和田思维法的运用

1. 选定问题

首先要选择一个需要进行完善的对象，将其作为解决的重点写在纸上，对问题的基础进行定位。

2. 对照修正

将纸张进行网格划分，划出12个区域。按照本书中的"十二个一"进行对照，思考该问题经过变化后会形成什么样的新形象，将其记录在纸上。

3. 修改完善

将经过"十二个一"修正过的问题进行重新的思考，选择更适合自己的设计方向进行进一步推进。

（三）和田思维法的训练

和田思维法在运用上十分方便快捷，十二个问题让人们有了明确的方向，并引导设计师进行深入思考。此方法不仅适用于服装设计师寻找灵感，而且在之后的任何方面都可以使用。

在进行初步训练时，可以以服装单品为对象，如鞋、包、手套等，在训练过程中，可以不去着重考虑服装的实际功能性，可以更多地考虑服装的完整度以及美感。从单品中获取的灵感可以直接套用在整体的服装设计上，能够帮助提升设计效率。

在完成单品设计训练后，可以以完整的服装设计来进行，从某一款式着手，突破原有的设计思路，创造全新的形象。这时同样也要以服装的美感以及完整度为主，只需要简单地考虑其实际功能性即可，能够与人体结构相符即可，使用此方法设计服装一定要保证其创新性，保持设计中的创新点。

三、仿生法

（一）何为仿生法

仿生法指的是人通过对自然界的动植物进行模仿，而产生的新的技术进步或设计创新。最初，仿生学主要用于机械制造或是研发新技术，随着仿生学的发展，渐渐地仿生设计开始被更多的人关注。服装的仿生设计不是仅仅追求外表上的模仿，而是对自然界的动植物的结构造型、色彩搭配等特征进行深入模仿，仿生法在此基础上应运而生。

（二）仿生法的运用

仿生法的运用过程应注意三点：第一，面料款式的仿生。面料的仿生是指通过自然界的生物体或者非生物体，对其内容组织进行提取，然后与服装面料进行结合。中央圣马丁学院的毕业生 Scarlett Yang 将海藻提取物以及蚕丝焦蛋白作为生物材料进行服装设计，这样的服装面料具备在特定环境下可降解的特质，并且随着温度以及湿度的改变而呈现出不同的形态（图3-31）。仿生法的模仿在于模仿对象的内在神韵，将之与人体的造型结构相贴合。第二，要对被模仿对象有深入理解。服装设计要模仿的不仅在于外表，也不仅要在造型结构上追求相似，而是通过解析，将对象的各个部分进行重新拆分，用于服装的各个细节中。自然界提供给设计师的是无尽的灵感，如水母的造型结构呈现的是一个伞状，设计师根据水母的特点，将其运用在服装的面料以及款式上，柔软清透的面料加上飘逸灵动的裙摆，给人以无限的遐想（图3-32）。第三，色彩搭配的仿生。生物自身的色彩受到生长环境以及自然条件的影响，会出现许多奇妙的颜色搭配，这种颜色的搭配不同于人们在理性思考下的调配，而是更加自然，体现了人与自然的和谐统一。

图3-31　服装仿生面料

图3-32　Iris van Herpen 2022年设计作品

仿生法将人与自然的和谐放大，仿生设计不仅为设计师提供了取之不尽、用之不竭的灵感表达，还赋予服装以新的内涵与价值，表现出生命的多彩与旺盛。运用仿生法，拓展了设计师的思维模式，令服装设计的内涵更进一步。

本章小结

■　创意性思维主要是以解决实际问题为出发点来进行思考的，创新创意就是要找出生活中的问题并思考如何解决。

■　创意性思维的能力训练不仅局限于服装设计，而是设计的基础能力，完成基础的能力训练，才可以完成一整套的设计流程，将创意转化为实际的作品。

■　设计思维能力训练方法能够帮助设计师提升设计灵感，找准设计方向，在使用这些方法时，不一定只使用一种，而是综合地使用各种方法，以解决设计中遇到的问题为出发点。

■　设计思维技法是通过思维的规律而发展出的一些技巧及原理。思维技法能够帮助设计师提高设计效率，并且开拓更多的想法。

思考题

1.简述服装设计思维的作用。

2.创意性思维训练有哪几种方法？

3.设计思维能力训练有哪几种方法？

4.以未来为主题，绘制一张思维导图。

第四章
服装设计方法与表达

课题名称：服装设计方法与表达
课题内容：1.强化主题的设计方法与表达
         2.突出造型的设计方法与表达
         3.突出材料的设计方法与表达
         4.突出色彩的设计方法与表达
         5.突出品牌特色的设计方法
课题时间：12课时
教学目的：学会分析不同的设计方法与表达
教学方式：理论讲授+实践教学
教学要求：1.认识几种不同的设计方法
         2.掌握相关设计方法与表达
课前（后）准备：相关教案、PPT等

　　随着社会与经济的快速发展、国际服装设计的大量涌入，我国服装设计也面临着越来越多的挑战。如何才能设计出好的服装，适应更加多变的市场，成为每个服装设计师必须考虑的问题。在服装设计过程中，服装设计方法与表达成为服装设计工作的重中之重，成为服装设计者能力提高的必经之路。

第一节　强化主题的设计方法与表达

　　设计师在设计服装时往往都有自己追求的设计风格、突出的设计元素、与众不同的灵感来源等，设计师可以通过强化这些不同的服装设计主题，来进行不同的服装设计表达。根据设计师想要表达的侧重点使用相对应的表达方式。

一、以设计风格为主题的方法与表达

　　设计风格可以是一个设计师所独有的设计风格，也可以是设计师在设计服装时所追求的风格热点。服装设计风格多样，如解构风格、中式风格、立体风格、中性化风格等。在确定了服装设计风格后，所有的设计元素、设计轮廓、面料材质、色彩、工艺等都应与设计风格相呼应。

　　以中性化风格为例，中性化服装风格融合了男女服饰设计元素，属于一种混搭的服饰风格，需要设计师突出男女服饰的相通点，忽略性别上的约束，改变两条平行线的方向，形成无限趋于同一轴线的曲线。如在女装中加入男装元素，弱化女性曲线，采用更为男性化的廓型，并在裁剪技术、色彩等层面突出融合性，以打造出不同的服饰框架，形成新颖的视觉感受（图4-1、图4-2）。

　　以设计轮廓而言，整体轮廓偏向于宽松，弱化女性身体曲线，并添加男性化造型，可以融合传统男性服装廓型，如H型、Y型等，在服装的肩部、腰部等部位加入特色性元素，

图4-1　中性服装廓型一

图4-2　中性服装廓型二

达到一种整体的协调性。如部分女装在肩部进行了更具张力的处理，通过采取局部突出的方式，展现出穿衣者的个人气场。利用改变服装结构的方式突破基础性框架，以形成更具层次效果的系列服装。

就色彩搭配而言，打破不同颜色原本所蕴含的传统观念。女装在色彩的中性处理方面，一般会利用各种色块的冲撞，打造出游离在服装结构之外的空间，通过形状及大小各异的元素形成多种组合。例如，采用单一色彩线条进行空间划分，并借此构建多空间的交叉组合，以产生强烈的视觉冲击（图4-3）。

男装中性化处理方面，多借助高饱和度的颜色，同样利用色块的拼接对比，改变视觉空间体现，也有借助无规则图案弱化性别的情况（图4-4）。没有性别区分的服饰，选用的色彩则相对简单，更强调整体的层次效果。

就面料而言，女装多选用较为轻薄柔软的面料体现女性的轮廓特征或柔美感，男装多采用硬挺的面料体现男性的挺括感。而中性化服装则多选用

图4-3　女装中性化
（图片来源：POP服装趋势网）

图4-4　男装中性化
（图片来源：POP服装趋势网）

一些卡其、牛仔布等材料，面料肌理简约，能自然地表现出中性特质。科学的发展使面料市场丰富多彩，质地多样，只要面料能充分展示其流畅、简洁的线条，均可以用于中性化服装设计。综上所述，在确定了服装设计的主题之后，服装的各个要素都需尽量与之相呼应，使服装成为一个有机的整体。

二、以设计元素为主题的方法与表达

设计元素是设计中的基础符号，根据不同的分类有不同的元素，如按自然分类就有人物、动物、植物等；按艺术分类就有摄影作品、电影、绘画、雕塑、标志等；按抽象分类有点、线、面、体等；按来自生活分类则有各类电器、家具、电器等。

不同的分类对应不同的设计元素，服装设计师们可以以设计元素为主题进行设计。如以植物元素为主题进行设计，可简单分为四种表达方式：

（1）可以将植物作为图案元素直接使用在服装上，如图4-5所示。

图4-5　将植物作为图案元素直接使用在服装上
（图片来源：POP服装趋势网）

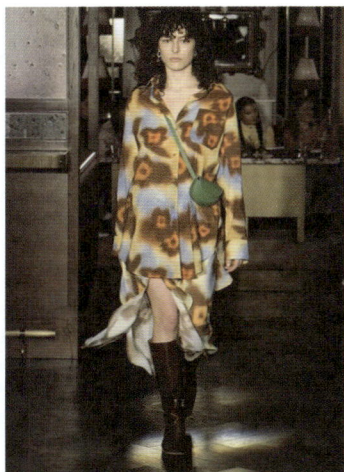

图4-6　将植物图案抽象化后运用在服装上
（图片来源：POP服装趋势网）

图4-7　将植物作为款式特点运用在服装上
（图片来源：POP服装趋势网）

（2）将植物的造型特点经过平面化、抽象化处理之后，作为图案，使用印花、刺绣等工艺方式运用在服装上，如图4-6所示。

（3）将植物的造型特点作为服装的款式特点运用在服装上，如图4-7所示。

（4）提取植物的色彩特征作为服装的整体基调运用在服装上，如图4-8所示。

以元素进行设计的方法多种多样，服装设计师在进行设计时，可使设计元素与服装整体的风格相呼应，灵活运用。

三、以设计灵感为主题的方法与表达

灵感主要指的是人类极度集中来构想某一事物，情绪高昂并在脑海中涌现的创造力。产生的灵感具有偶然性与突发性，看似无章可循，实则同样具有增量性与专注性，所以存在一定的必然性。漫无目的地想象，被动等待设计灵感的出现是不现实的，应当主动去寻找。科学划分灵感产生的范围，有助于更好地找寻灵感，自然形态、生活日常、艺术等都可以是服装设计的灵感。设计灵感同样能够以多种形态展现在服装上。可以简单分为三种表达方式：以款式特征的形式表达；以色彩特征的形式表达；以图案特征的形式表达。

图4-8　将植物的色彩运用在服装上
（图片来源：POP服装趋势网）

以自然为灵感举例，自然界丰富的景象足以给设计师各种形态的灵感。奇异山峰、峭壁岩石、丘陵山地、朝日晚霞……均给人们留下美好又深刻的印象。在西方18至19

图4-9 以燕子形态为灵感设计的"燕尾服"
（图片来源：POP服装趋势网）

世纪，风靡欧洲的"燕尾服"便是以燕子的形态为灵感来进行款式特征的设计，这种款式不但外形美观，造型新颖，而且兼具实用性，如图4-9所示。类似的还有清代的花盆鞋、马蹄袖等。当代的鸭舌帽、蝙蝠袖、羊腿袖等均是将自然事物中的特征进行提炼设计或命名，如图4-10所示。

而自然界中绚丽的色彩也时常被设计师们用在服装上。自然界原生态的色彩是人类服装可以最方便直接借鉴的色彩。更有如天蓝、湖蓝、桃红色、草绿色这些直接以自然界事物命名的色彩。

自然界壮观的景色也可以作为图案灵感运用在服装上，自然界的壮观、色彩让服装设计师们获得灵感，能够充分发挥自身的创意来设计图案。早期人类便会使用自然界中的花卉、树叶、兽类牙齿以及贝壳等进行装饰。人类文明发展至今，印染技术大幅提升，自然界的花鸟虫鱼、飞禽走兽、蓝天白云、青山碧水等都可作为图案直接或通过再设计运用在服装上，如图4-11所示。

图4-10 "羊腿袖"服装
（图片来源：POP服装趋势网）

图4-11 花鸟图案在服装上的运用
（图片来源：POP服装趋势网）

　　总之，服装设计的灵感是思维活动中的关键，设计灵感与我们的生活息息相关，人们能够有效提炼灵感中的材质、色彩、图案与形态应用在服装当中。服装设计师在进行设计的时候应发散思维，将设计灵感与服装设计巧妙结合。

第二节　突出造型的设计方法与表达

　　服装是处在一定空间的立体造型，就其整体形态而言，是其基本的构成要素。这些构成要素在服装设计上既可以被视为不可视的抽象要素，也可以被视为可视的具象要素，它们通过服装的外部形态、内部结构及内外空间处理地有机组合体现出来。

一、突出平面造型的方法与表达

　　传统的服装空间关系是以服装的前、后、侧面来划分维度的，而突出平面造型的方法是将维度进行变化，用混淆、颠覆服装前、后、侧面的手法来模糊原有的空间形态。

　　平面化的表现形式之一是通过将服装的前后片贴合，消除服装的整体或者局部（肩部、腰部、臀部等）原本侧面的曲度，使服装具有平面二维化的视觉效果。如川久保玲的品牌Comme Des Garçons2012年秋冬系列就消除了原本传统服装的侧面形式，设计师将圆形的前片和后片边缘错位缝合，服装在一定程度上变得不合体了，打破了服装应有的三维形态，使服装呈现出纸片化的特点，创新性和观赏性被大大提高了（图4-12）。

　　Jacquemus2016年秋冬系列则是一场从立体回归二维世界的逆趋势演绎，圆的平面和粗线条的设计像抽象派画作的初稿，配上沉重而略显俗气的背景音乐，像是在打

（a）

（b）

图4-12　服装平面化（Comme Des Garçons 2012年秋冬时装秀）

碎一切既定的条条框框。圆形被平面化地叠加在服装的腰臀部位置，在圆形上巧妙地压出白色的明线走向，丰富了服装的内容和层次，看似突兀却又意外的自然（图4-13）。

二、突出立体造型的方法与表达

在服装设计中，运用线条可以很好地突出立体造型。我们可以借助褶皱法来体现物理量感，通过对面料挤、压、拧等方式成型，再定型成想要的效果。如此一来，可以使面料变得立体，使服装产生美感、动感和量感。Yohji Yamamoto 2017年秋冬系列中大量运用抽褶手法，在使服装廓型变得丰富有趣的同时增加了服装的体积感。褶皱交汇在拉链和拼缝处，总体如书页般向水平方向延伸。黑色面料因为抽缩形成不规则的起伏，

图4-13 Jacquemus 2016年秋冬时装秀

图4-14 运用抽褶手法增加体积感（Yohji Yamamoto 2017年秋冬时装秀）

错落有致，光线被打散了，阴影顺着结构的走向有了疏密等的变化，立体的褶饰和流线型的包裹使原本沉闷的黑色不再单调（图4-14）。

除了物理量感，线条还可以在心理量感中有所表现，突出作品的立体造型，这就涉及视错理论，所谓视错，指的是主观意识中的现象与客观事实发生了偏差，是视觉主体对客观世界的无意识地歪曲映射。如图4-15所示，Iris van Herpen 2017秋冬高定中，利用物理学原理，线条图案随着人体结构的走向而发生变化，给人以流动的视错觉，服装整体充满了流动感和体积感。

具象几何形也可以根据身体做立体造型设计：做装饰性肌理效果；围绕人体体型结

构。当立体几何形作肌理效果的表面装饰时，不会影响服装原本的结构。通过多个单元的组合来营造凸起的视觉效果，这样塑造的造型效果更加具有灵动性，也更具有视觉冲击力。立体裁剪可以很好地根据人体体型结构设计出立体几何造型，如三宅一生、川久保玲、皮尔·卡丹等都是非常典型的代表。

川久保玲的品牌Comme Des Garçons 2017年秋冬系列中，模特被包裹在由非常规材料制成的庞大无袖衣之中，它们有着雕塑般的曲线，是依据人体体型结构进行的几何体不规则组合，形状如球茎一般（图4-16）。

图4-15　Iris van Herpen 2017年
秋冬高定

图4-16　Comme Des Garçons 2017年秋冬时装秀

又如三宅一生设计的塔式灯笼裙，散落在地时是二维平面状态，架起时又呈现三维立体几何状态，二维和三维之间可以实现自由转换（图4-17）。

日本设计师立野浩二（Koji Tatsuno）用质地较硬的纱质面料进行弯曲处理，然后再层层重叠拼接在一起，整体造型在曲面的翻转下流露出一种美感和流动感，十分生动（图4-18）。

解构主义最能拓展服装的造型，夸张是最明显的外形特征。解构主义主张用感性的态度拆解和重构服装结构，它没有过多的设计准则，体现出反完整和反常规的审美取向，既复杂又充满趣味。从Yohji Yamamoto的作品中，就可以清楚地看到其展示了服装与周围现代建筑之间的联系。Yohji Yamamoto2015年秋冬发布会上就运用了建筑工地的元素，使人体下半部分的线条和体积感消失了，取而代之的是用支架构筑出的建筑般的轮廓，面料在框架的搭建下垂落下来分割成几个空间，形成互相牵扯的关系，黑色因为面料的垂坠在灯光的照射下呈现独特的光影感（图4-19）。

又如维果罗夫（Viktor&Rolf）2015年秋冬高级定制系列中，设计师将装置艺

图4-17　塔式灯笼裙

图4-18　立野浩二设计作品

图4-19　Yohji Yamamoto 2015年秋冬系列

图4-20　Viktor&Rolf 2015年秋冬高级定制秀

术运用到服装设计中，服装结构仿佛是画框从墙上取下的状态，创意感十足，戏剧性地在融汇中迸发出了形式立体美感（图4-20）。

随着科技的发展，3D打印技术被广泛运用到服装设计中。Iris van Herpen在2011年春夏高定系列中，与建筑师Isaie Bloch合作，将高新的数码科技作为灵感，运用3D打印技术创造出了极具雕塑感的超现实立体时装，带领观者进入了一个虚拟又神秘的空间。

三、突出局部细节的方法与表达

恰到好处的服装局部细节设计能够起到画龙点睛的作用，细节是精彩、生动的点缀，细节设计处理得好坏，直接关系到设计作品的成败，它不是将服装之外的事物，直接进行冗杂的堆积，而是将其与服装巧妙融合在一起。服装局部细节主要包括对于服装的领型、袖型、袋型、门襟、下摆等部位的局部设计和装饰细节设计等。

（一）领型

领型是服装整体造型中最重要的组成部分之一，它是连接头部和身体的视觉中心与衔接区域，领型在很大程度上能够表现服装的美感及外观质量。所以我们在突出领型时要考虑在结构合理性的基础上表现出成型后的领型的视觉效果。

　　领型设计方面要遵循设计的基本原则，强调"整体统一，局部变化"来满足领型既要有变化又要有艺术效果的视觉艺术需求，但它的变化和风格不能脱离与整体的设计风格相协调的统一性。

　　在结构上，服装领型千变万化，有根据植物造型设计的，如青果领（图4-21）、荷叶领（图4-22）等；也有根据鸟类造型设计的，如燕子领等；还有根据建筑造型设计的，如长城领等。由此可以看出衣领的造型设计可以从各个方面捕获灵感，设计师巧妙地将衣领与各类事物相结合，设计出丰富多彩的领型。

　　在细节上，可以通过多种工艺形式突出设计亮点，增加服装的整体视觉效果。如在服装的领部钉扣，除了功能作用外，更多的是起到装饰效果（图4-23）。扣饰的材质可根据服装风格进行选择，如金属扣饰明亮张扬、木质扣饰低调沉稳，颜色可选择同色系，也可进行撞色搭配。此外，采用提花工艺编织的虚假扣饰在视觉上也能起到纽扣装饰效果。领部的扣饰设计为服装增添了精致感。

　　又如在领部做罗纹设计也是中淑（25~38岁新兴的都市精英女性）市场下的重点，罗纹可以沿边搭配细微的谷波针法，增添毛衫类服装的立体手感（图4-24）。纱线的运用也十分重要，材质上得到手感碰撞。另外，撞色的效果使毛衫拥有轻学院风，

图4-21　青果领
（图片来源：POP服装趋势网）

图4-22　荷叶领

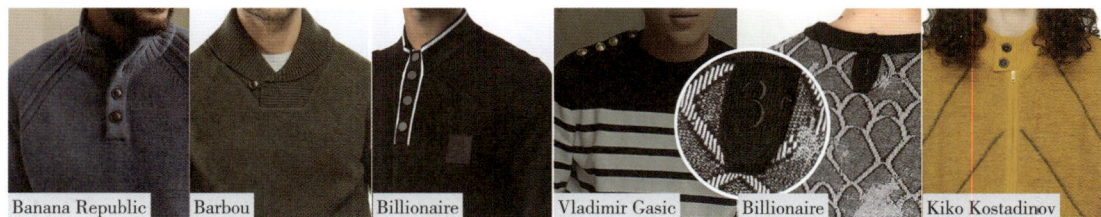

图4-23　在领部钉扣

但整体配色上依旧是中淑的成熟感。又或者在领口扭结修饰颈部曲线，拉长视觉比例（图4-25）。

图4-24　在衣领上做罗纹设计

图4-25　在领口做扭结处理

领型上还可以将翻领与V领组合、双层圆领叠加设计，增加款式的解构感。领部的抽绳也是值得重点关注的设计手法，材质与色彩的搭配展现不同的风格感受（图4-26）。

（二）袖型

袖型具有保护上肢及美化人体的功能，袖型与领型一样是服装整体设计的重要部分。衣袖的款式千变万化，从结构上，袖型分为圆装袖、插肩袖、连袖、肩压袖等；从袖片构成数量上，袖型分为一片袖、两片袖和多片袖；从袖子长度上，袖型分为冒尖袖、长袖、中袖、短袖等；从外形上，袖型分为直筒袖、灯笼袖、蝙蝠袖、喇叭袖、花瓣袖、环浪袖等（图4-27）。

图4-26　翻领与V领组合

图4-27　不同袖型

流苏元素也可以运用在毛衫袖子上，令其具有飘逸感，使毛衫显得柔美（图4-28）。需要注意的是，流苏在袖子上的呈现不宜过长，短而小的流苏更具有点缀性，更显精致。另外，金属细链的流苏装饰会使毛衫具有一定的帅气感。

将内衬露出与衣身形成巧妙对比的异色袖口元素是一种细致精巧的设计。内衬与大身在颜色、花型、质感上形成恰当的视觉效果，常见的毛边内衬就是一个值得推荐的对比元素（图4-29）。

图4-28　在毛衫袖子上运用流苏元素

图4-29　异色袖口元素

（三）口袋

口袋的位置主要根据上肢活动的规律和服装整体美观度而定。上衣口袋的位置一般设在胸部和腹部左右两侧；下装（裤或裙）口袋在胯部旁侧或前侧，臀部左侧或右侧等部位。从实用功能的角度看，口袋的大小尺寸是根据人体手部的尺寸而制定的，但是，口袋除了具有实用价值以外还有着非常重要的装饰作用。突出口袋的装饰性就要在考虑手的大小的同时，考虑口袋的大小与整体款式的协调美。

当下的牛仔市场，在牛仔廓型的基础上进行叠加法的装饰变化，符合大众风格样式的同时，牛仔口袋装饰的细节工艺变得尤为重要：毛织感的装饰、立体的手工钉珠、错位裁剪、水洗假口袋、做旧磨毛等设计手法和工艺，能够让牛仔单品变得更加时尚、潮流且个性（图4-30）。

图4-30　牛仔的口袋细节工艺
（图片来源：POP服装趋势网）

口袋叠加设计可采用立体效果，强化3D视觉层次感，增强服装细节的质感层次。Junya Watanabe将多种贴袋叠加设计，可拆卸的功能性塑造多种穿搭效果，为款式提升实用性能；口袋运用位置的变换，袖侧、后背以及前胸的斜向口袋，为款式营造出差异化视觉效果（图4-31）。

在口袋上做抽绳设计可以起到调节廓型与装饰性的作用，将这种实用性细节融合日常设计，摒弃以往领口、下摆等常规部位，采用不同的抽褶方式结合结构线在口袋位置的呈现，赋予单品独特个性的细节设计。采用亮色抽绳的设计丰富了原本单调的款式，成为整体设计中的点睛之笔（图4-32）。

图4-31　口袋叠加设计

图4-32　在口袋上做抽绳设计
（图片来源：POP服装趋势网）

（四）衣摆

衣摆同样作为设计的关键部位之一，可通过不同的设计手法去呈现，如在底摆通道进行抽皱绑带设计、橡筋抽绳设计等（图4-33）。

前身至下摆大量的流苏则呈现量感的堆积效果，可以与单薄的裙身形成强烈的空间对比（图4-34）。

图4-33 衣摆设计

图4-34 长流苏设计

（五）门襟

随着个性消费不断推动消费市场前行，门襟的造型也变得奇特起来，如设计师们采用棉羽绒门襟设计。利用材质特点和错位裁剪的搭配，使原本简洁明了的门襟开合偏移和变形，极具设计感。夸张的造型设计和意想不到的开合方式都为个性的年轻消费群体带来更为鲜明的设计观点（图4-35）。

斜门襟、弧形门襟的造型为款式注入独特新意，展现个性时尚基因，同时门襟可以采用撞色及材质拼接的手法展现差异化设计（图4-36）。多门襟、不对称后背门襟可作为创意性设计手法。

图4-35 门襟开合偏移和变形
（图片来源：POP服装趋势网）

图4-36 斜门襟设计
（图片来源：POP服装趋势网）

第三节 突出材料的设计方法与表达

　　服装材料是服装的物质基础，服装造型、色彩都无法脱离服装材料而独立存在。不同的材料会产生不同的美感，以材料作为设计理念切入点进行现代服装设计，可以迸发出不同的设计灵感，赋予服装新的生命力。

一、材料的增型设计方法与表达

　　材料的增型指运用贴、缝、绣、钉、黏合、热压等工艺，在材料表面添加相同或不同的材料，以改变材料原有的外观，增加材料的装饰感、丰富感和新鲜感的再造形式。具体的增型方法有刺绣、钉珠片、钉金属钉、明线装饰、系带装饰、半立体装饰、毛边装饰等。

（一）刺绣

　　刺绣，指采用手绣或者机绣的方式，按设计的需求在面料表面绣制各种装饰图案，使面料呈现各种绣线装饰的增型方法（图4-37）。

　　手绣，是最古老的传统手工艺，刺绣方式完全由手针绣制，适用于高级成衣的制作。在我国，刺绣主要有苏绣、湘绣、蜀绣、粤绣四大门类。

　　机绣分为绣花机刺绣和电脑绣花机刺绣。绣花机刺绣是采用改装后

图4-37 在服装上运用手绣

的家用缝纫机或专业绣花机进行绣制，绣花的效率大大提高，适合绣制单件服装；电脑绣花机刺绣是采用现代计算机技术研发的绣花机进行刺绣，一台电脑绣花机可以同时绣制12或24个绣片，生产效率翻倍，适合工业化批量生产。但电脑绣花机刺绣需要事先完成计算机编程，不太适合单件服装的刺绣（图4-38）。

（二）钉珠片

钉珠片，指在面料表面用手针串缝各种材质的亮片、珠子、扣子、宝石等，在面料表面留下不同材质、光泽、色彩和不同立体感的缀饰，使其与面料之间形成强烈对比的增型方法。

钉珠片分为同种材质装饰和不同材质装饰。同种材质装饰，可以都使用亮片或者珠子进行装饰，可以营造有条不紊的节奏感（图4-39）；不同材料装饰，往往融合了多种材质，如木材、金属、塑料等，能够营造不同的光泽质感，形成更加强烈的视觉效果，起到强化装饰的作用。

图4-38　刺绣
（FENDI 2021年春夏时装秀）

图4-39　钉珠片
（图片来源：POP服装趋势网）

图4-40　明线装饰
（FENDI 2021年春夏时装秀）

图4-41　LACOSTE 2021年春夏时装秀

（三）明线装饰

明线装饰，指运用手针或缝纫机，在面料上缝制相同或不同颜色线迹的增型方法（图4-40）。手针较缝纫机而言更加灵活，可以根据设计的需要自由地选择方向排列、长短疏密和色彩搭配（图4-41）；缝纫机更适用于批量生产。

（四）系带装饰

系带装饰，指运用丝带、绳带或利用面料制成的条带，在面料上进行装饰的增型方法（图4-42、图4-43）。较细的丝带和绳带可以直接从面辅料市场购得，而较宽的条带需要将面料进行裁剪、缝制。系带装饰的重点在于如何在服装上进行装饰、在什么部位进行装饰、系带多少这几个方面。

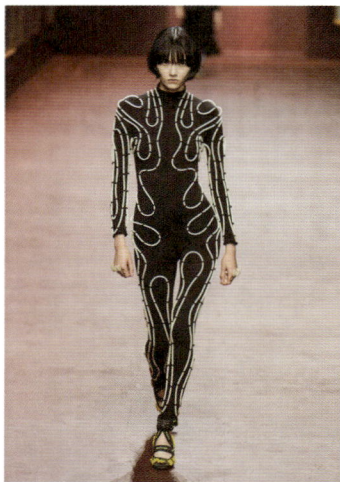

图4-42　Christian Dior 2022年秋冬时装秀

图4-43　Alejandra Alonso Rojas 2022年秋冬时装秀

（五）半立体装饰

半立体装饰，指在面料外表面加上半立体的形态装饰，以此来增加面料或服装的空间立体感和向外的扩张力，改变原有面料外部感受的增型方法。半立体装饰可以使服装具有鲜明的立体感和扩张感。这种装饰并不是面料或服装自带的，而是在面料表面或服装成型后附加的。

山本耀司在1991年秋冬成衣系列中，就曾创造了一条由数十条不同形状的几何木板拼接而成的连衣裙，上半身采用了契合的方式，用三角形木条组成了一件贴身"胸衣"。木条的组合形成了新的廓型，抛弃了原本对于人体曲线的依附。腰间有一弯新月形的木板作为装饰，裙身以多条细长形木条用螺栓固定而成，显示出木质材料特有的肌理感（图4-44）。山本耀司将原本与服装无关的自然材质运用到设计中，革新了传统服装的样式，是离经叛道与先锋理念的最好注解。

图4-44　木板时装

二、材料的减型设计方法与表达

材料的减型指在面料原有的形态上进行抽纱、撕扯、剪切等破坏性处理，来改变面料的外观形态和状态，使其产生残破感或不完整感的减型方法。具体的减型方法有抽纱、镂空、切割、缝份外露、磨毛等。

（一）抽纱

抽纱，指抽去面料的经纱或纬纱，使面料表面呈现出一种虚实相间或者错落有致效果的减型方法。使用抽纱这种方法需要选择纱线组织较为疏松、织纹脉络较为清晰的平纹面料，适用于服装的一些局部位置，以此来增加服装的透气感和层次感。

（二）镂空

局部的镂空设计为简约的款式增添了设计感，在腰部及前胸等局部进行镂空，凸显出女性优雅美感的同时也增加了款式整体的层次感。并加以精巧的绳边设计，更显精致（图4-45）。

（三）切割

切割，指按照设计思路有规划性地在材质上做剪切处理，不同的切割手法呈现的视觉效果也不尽相同。如博柏利（Burberry）2020年高定系列中，对袖子做切割处理，使完整的袖部分解成好几段，形成分段的结构，造成服装的不连贯，达到一种分离感（图4-46）。

图4-45　镂空设计

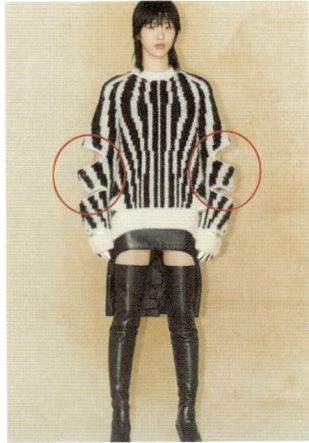

图4-46　Burberry 2020年高定系列

（四）缝份外露

缝份外露，指将服装缝份不加掩饰地露在服装表面，营造出一种服装反穿或者未加工完成的感觉的减型方法。从严格意义上来讲，缝份外露只能算是缝制工艺的创新，但从近几年的服装设计趋势来看，缝份外露已经成为一种时尚风潮，故意不锁边等体现出一丝反叛和不守常规的精神。

三、材料的综合设计方法与表达

材料的综合，指将上述多种方法组合在一起使用，可以使面料呈现出更加细腻、丰富的综合效果，创造性更强，给人以更加多样化、更具变化性的外观感受。恰当的综合运用，能够给人更加强烈的视觉冲击力。

运用多种设计方法，将材料与设计进行综合，使材料本身的质感与服装的动态美感相结合，表达出更加丰富、多样的内涵。在Acne Studios 2023年春季成衣系列当中，设计师运用多种设计手法，将丝质的材料进行增型处理，在设计上体现出一种飘逸、灵动的感受（图4-47）。而在Acne Studios 2023年秋季成衣系列当中，设计师则以减型的设计为主，利用切割、镂空等手法，将设计作品与森林树木的灵感来源相结合，在秀场上营造出一种森林的梦幻氛围（图4-48）。

除了在服装的设计手法上进行综合表达，服装材料的制造与处理，也以一种综合的手法进行设计。将立体装饰与刺绣工艺相结合，将亮片绣与尚蒂伊蕾丝结合（图4-49），蕾丝的花纹图案上点缀着波光粼粼的亮片，令设计更加风格化。

在印花方面也有多种形式，同样以蕾丝作为材料，有着许多不同的设计方向，如多色晕染印花、双色晕染印花以及花卉胶浆印花。艺术印花也是一种极具风格化的设计方法，这种印花蕾丝相结合的方法适用于各种风格，极具开发性。香奈儿（Chanel）的设计中就应用了花卉胶浆印花工艺（图4-50），色彩绚丽，蕾丝材质

图4-47　Acne Studios 2023年春季成衣系列

图4-48　Acne Studios 2023年秋季成衣系列

与印花工艺的结合令设计作品极为精致，细节丰富的同时又使设计作品在整体上更加协调。

图4-49　亮片绣与尚蒂伊蕾丝的结合

图4-50　花卉胶浆印花工艺的应用
（图片来源：POP服装趋势网）

材料的综合设计方法与表达是建立在对相关材料的理解与对设计方法的熟知基础之上的，面对浩如烟海的材料，只追求新与奇是不够的，还是要回归设计的本质，通过对形式、色彩以及款式的深入理解，将其与之对应的材料进行结合，在此基础上对材料进行综合，对设计内涵进行表达。

第四节　突出色彩的设计方法与表达

"远看色彩近看花"，说明色彩最容易被人感知。色彩是服装设计的重要组成部分。了解、掌握和应用色彩是服装设计不可或缺的内容。以突出服装的色彩为构思，可以更好地营造服装的主体氛围，抒发设计师的内心情感。

一、色系的设计方法与表达

尽管大自然中的色彩千变万化、丰富多彩，但归纳起来只有两大色系：彩色系和无彩色系。

（一）彩色系

彩色系是指包括可见光谱中的所有彩色，它以红、橙、黄、绿、青、蓝、紫为基本色。基本色之间不同量的混合、基本色与无彩色不同量的混合等，所产生的众多色彩都属于彩色系。彩色系中的任何一种颜色都具有色相、明度和纯度三种基本属性，即色彩的三属性。色相，是指色彩的名称、相貌。明度，是指色彩的明亮程度（明暗程度）。纯度，指鲜艳度、含灰度，是指色彩的纯净程度。

（二）无彩色系

无彩色系是指黑色、白色及由黑白两色按不同比例混合而成的各种深浅不同的灰色。从物理学的角度看，黑、白、灰并不属于可见光谱的色彩范畴，而是属于无色的明度系列。无彩色系的色，没有色相和纯度的差，只有明度差。其中，黑色和白色是单纯的色彩，而灰色，却有着各种深浅的不同。按照一定的变化规律，由白色渐变到浅灰、中灰、深灰直至黑色构成的系列，在色彩学上称为黑白系列。黑白系列中由白到黑的变化，可以用一条垂直轴表示，上端为白，下端为黑，中间有多个渐变过渡的灰色。

无彩色尽管没有彩色那般鲜艳亮丽，却有着彩色无法替代和无法比拟的重要作用。生活中的色彩，纯正的颜色毕竟只占少数，更多的彩色都在不同程度上或多或少地包含了黑、白、灰色的成分。设计中的色彩，也因彩色系和无彩色系的共同存在变得更加丰富多彩（图4-51）。

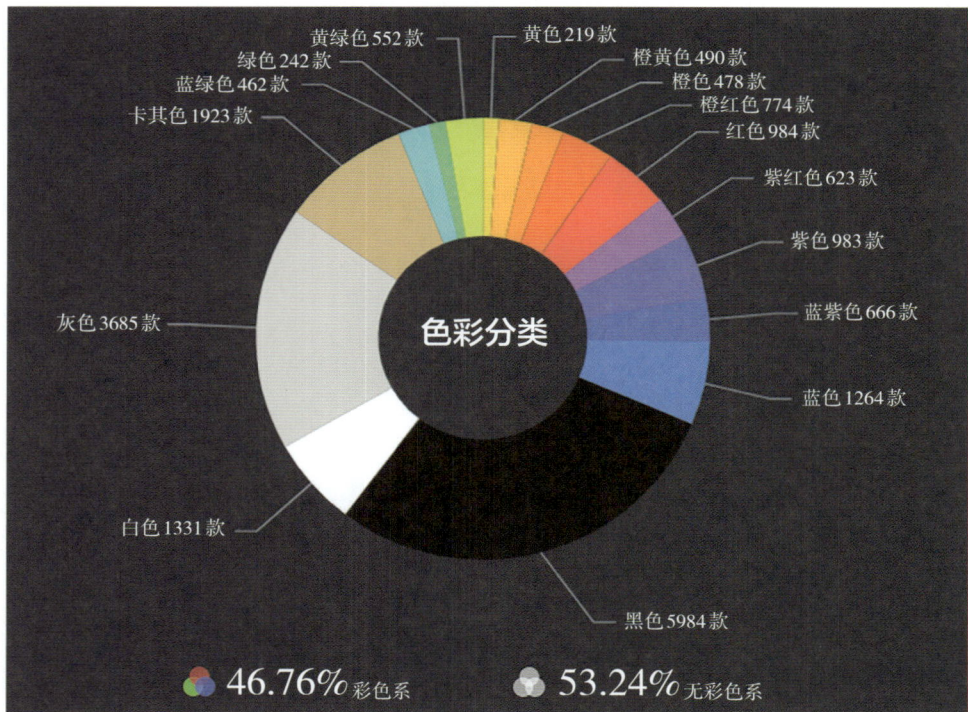

图4-51　POP 2023年春夏色彩数据

二、流行色的设计方法与表达

色彩的流行，是在经济、物质、文化、科技、时代发展的基础上，由人们的审美意识中反映出的一种社会现象。在一定的时间和空间范围内，人们会不约而同地对某些色彩感兴趣，从而形成一股潮流，或者是在某种社会观念的指导下，在某一时间迅速传播和盛行一时的一组或几组色彩。后来经过相关企业和流行色机构的开发利用，逐渐演变为一种产品研发和促销的手段，变成了较为主观的人为创造的色彩。1963年9月，世界时装之都巴黎成立了"国际流行色委员会"，随后世界各国相继成立了国际流行色研究机构。1983年，我国成立了"中国流行色协会"。每年巴黎会召开两次国际流行色专家会议，根据国际流行色成员的色彩提案，选定一年以后即将流行的色彩，提前18个月发布国际流行色，再通过流行色成员流向世界各地，提供流行信息，推动生产和消费。

时装流行色一般在24个月前（24~18个月前），由国际流行色成员（法国、英国、意大利、瑞士、日本、中国、德国、荷兰、西班牙等）选定提案色。由IWS（国际羊毛局）、ICA、CIM等情报机构发表色彩流行趋势，并解释配色等，还包括色彩情报以外的面料、款式情报。由PV博览会（法）、英特斯多夫（德）、依达种英（新）等组织发表国际性的服装面料趋势展示会。在6个月前（6个月~实际季节）由巴黎、米兰、伦敦、纽约、东京等城市领先发表服装展示会和世界著名设计师的时装发布会，世界各地也相继有流行趋势发布会，以及各种流行色月刊、流行色通信等专门杂志报道，从而在实际季节中应用。

对设计而言，流行色是重要的，但不是万能的。并不是说运用了流行色，就可以解决服装色彩的一切问题。流行色的真正作用和意义有时并不在色彩本身，而是它所蕴含的信息资源。这些信息并非浮于色彩表面的，而是蕴藏在色彩之外的多方面，需要设计师去领悟和发现。流行色就如同具有国际视野的色彩专家，为服装设计打开了一个信息窗口，既反映人的情感诉求，又表现了人的社会心态；既是产品设计和生产的依据，又引导着市场消费（图4-52）。

流行色在服装中的运用，主要有以下四种。

（一）单色选择

单色选择是指在流行色色卡中选择一种颜色作为服装色彩。多用于单色构成的服装色彩的选择，具有鲜明和容易见效的特点，如连衣裙、套装、毛衣、风衣等（图4-53、图4-54）。

图4-52   2024年春夏女装皮衣皮草流行色
（图片来源：POP服装趋势网）

图4-53   23/24秋冬关键色——草甸紫
（图片来源：POP服装趋势网）

图4-54　琥珀粉

图4-55　色彩组合
（图片来源：POP服装趋势网）

（二）色彩组合

色彩组合是指在同一个色组的色卡中选择两三种颜色进行服装配色。具体的做法是：先选择主色，再根据主色的色相明度、纯度和冷暖选择相应的搭配色或点缀色。由于这些颜色都是出于同一个色组，很容易体现流行色特定的色调氛围和情感。具有主题明确、色彩丰富和容易协调等特点，多用于单件服装的色彩组合，上下装或内外衣的色彩搭配（图4-55）。

（三）穿插组合

穿插组合是指跳出流行色色组的限制，进行不同色组色彩的服装自由配色。具体做法是：先在某一色组中确定主色，而后根据主色的色彩特征以及整体搭配的需要，从其他色组中选择相应的搭配色或点缀色，进行自由的色彩组合。由于穿插组合不受流行色色组的局限，用色较为灵活，但是要注意把握好色彩的整体效果，达到较好的配色效果，难度偏大，适用于多种形式的服装配色（图4-56）。

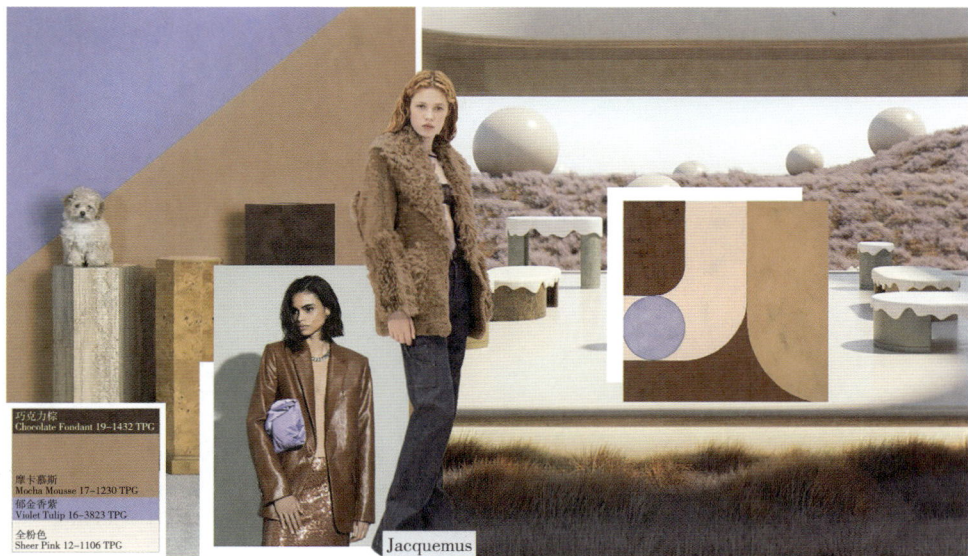

图4-56　色彩的穿插组合
（图片来源：POP服装趋势网）

（四）与常用色组合

与常用色组合是指把流行色与常用色进行组合的服装配色。流行色与常用色组合是一种折中的兼收并蓄和易于见效的方法（图4-57）。具体有两种做法：一是以流行色为主色，常用色作为搭配色或点缀色进行搭配；二是以常用色作为主色，流行色作为搭配色或点缀色进行搭配。两种区别在于一种是动中有静，另一种稳中求变。

三、强调冷暖色调设计的方法与表达

色彩本身并无冷暖的温度差别，而是人们通过视觉在色彩中感觉到冷暖物理温度的变化，是视觉色彩引起的心理联想。冷色通常带有消极情感，使人产生寒冷、平静、理智、阴影、稀薄、湿漉、流动的感觉，人们见到蓝、蓝紫、蓝绿等色后，容易联想到天空、冰雪、海洋等，其中蓝色最冷；暖色则带有积极情感，使人产生温暖、热烈、活泼、危险、浓稠、刺激的感觉，人们见到红、红橙、橙、黄橙等色后，能联想到太阳、火焰、热血等物像，其中橙色最暖（图4-58）。

第五节　突出品牌特色的设计方法

品牌是市场经济条件下的产物，是关系企业成败的重要组成部分，它是经营者最为关注的重点。服装行业的品牌发展有着其自身的特点，我们可以在深入了解其本质、内涵及发展现状的情况下进行设计，推进企业更好地开展品牌建设工作。

图4-57　雾粉色（流行色）+土褐色（常用色）
（图片来源：POP服装趋势网）

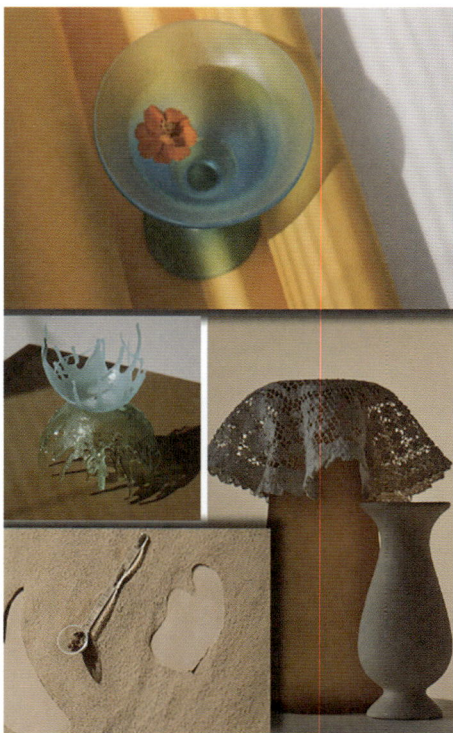

图4-58　冷暖色调
（图片来源：POP服装趋势网）

一、突出品牌标识

标识是品牌形象的核心部分（英文俗称为：LOGO），是表明事物特征的识别符号。它以单纯、显著、易识别的形象、图形或文字符号作为直观语言，除了表示什么，代替什么之外，还具有表达意义、情感和指令行动等作用。

品牌具有双重意思，一方面它是企业产品的商标，商标就是区分产品权属的标识，就是我们所说的LOGO，包括文字、图形、字母、数字、三维标志和颜色组合。企业取得商标专属权需要申请商标注册，成为注册商标的条件是：有显著特征，便于识别，但不得与他人已取得的合法权利相冲突。品牌的另一方面意思，就是它首先代表企业所经营的商品，又由于这一商品与生活、消费者的关系以及这一商品的文化特征、品质特点等，使品牌成为某种生活方式的代表，成为某个消费群体的所选与所爱，成为某种观念的象征。总之，可以成为代表一系列意义的符号。例如，法国高级女装品牌纪梵希（Givenchy）的品牌标识中，设计者把一个G（代表Givenchy）与另外三个G［分别代表古典（Genteel），优雅（Grace），愉悦（Gaiety）］组合在一起，创造了一个形式感突出，寓意深刻，令人过目不忘的品牌标识（图4-59）。

品牌标识设计属于对上述第一层意思的构思与形式表达，但是，鉴于品牌的第二层意思，在设计品牌LOGO时，就必须设法体现它与品牌象征意义的关联。例如，范思哲（Versace）的品牌标识应用了神话故事中的美杜莎（Medusa）。美杜莎在神话故事当中拥有着致命的吸引力，只要与她对视就会石化，而范思哲的品牌标识也同样对应了这点，以"致命"的吸引力为概念，令众多的消费者对其着迷（图4-60），品牌标识对品牌风格以及产品的定位和经营理念的诠释，很好地体现了形式与内容的统一，大大提升了品牌的识别力和影响力。

图4-59　纪梵希（Givenchy）品牌标识　　　　　　图4-60　范思哲（Versace）品牌标识

二、突出品牌内涵

品牌内涵指品牌创立所确认的理念，能够使消费者形成对既定品牌的青睐，是一个品牌的核心部分。

菲利普·科特勒指出，品牌的内涵应分为六个层次，包含属性、文化、价值、个性、使用者和利益（图4-61）。

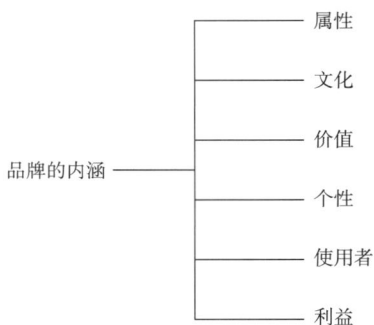

```
                                    ┌── 属性
                                    ├── 文化
                                    ├── 价值
        品牌的内涵 ──────────────────┤
                                    ├── 个性
                                    ├── 使用者
                                    └── 利益
```

图4-61　品牌内涵的六个层次

（一）属性

品牌代表着特定的商品属性，是品牌最基本的含义。提及Burberry（图4-62），就能想到浓烈的英伦色彩、精湛的工艺和别致的设计风格；提及Christian Dior（图4-63），呈现在眼前的就是一个精致而高雅的时尚女性形象；提及Vera Wang（图4-64），就能联想到那些华美的、浪漫的婚纱。优良的品质、精巧的做工、良好的声誉，这些都能成为品牌最好的宣传内容。鲜明的属性，能够在消费者的脑海中形成一个既定的印象，牢牢地抓住消费者的心，并形成消费者的品牌忠诚。

（二）文化

文化在品牌的发展中承担着关键的作用，通过赋予品牌深刻而丰富的文化内涵，可以建立鲜明的品牌定位。文化承载着一定的理念，在短期内无法形成，需要在品牌经营中逐步积淀。品牌一旦被附加了与之相匹配的文化，就能将品牌理念有效地传递给消费者，使消费者产生认同感，建立品牌信仰，在市场上形成较强的竞争优势。

（三）价值

品牌的价值体现在三个方面：一是可以体现产品的独特价值，二是体现品牌的价值感，三是带给消费者价值感受。就服装品牌而言，产品的独特价值在于其设计的独特性、做工的精致度、材料的优质性等方面，或者是品牌在售后所能提供的免费洗涤、熨烫、修补等服务；消费者可以直接体会和感受到品牌体现的价值，从而增强对品牌的忠诚度，设想品牌如果能够维持良好的品质和服务，追踪消费者的喜好变化并关心消费者的生活工作，能够体现消费者的社会地位以及生活方式和消费理念等，消费者就会一直保持对品牌的热情，提高对品牌的关注度。

图4-62　Burberry 2017年9月时装秀

图4-63　Christian Dior 2019年度假系列海报

图4-64　Vera Wang 2019年春夏纽约婚纱礼服系列

（四）个性

属性、文化和价值的综合组合，产生了品牌的个性。不同的品牌具有不同的个性，鲜明的个性可以使品牌与其他品牌区别开，成为品牌的卖点，被消费者牢牢地记住。例如，运动时尚潮牌李宁（图4-65），它的宗旨就是用运动点燃激情，创造出时尚且个性的新概念生活款式服饰，其中的新国潮以及潮流新美学深受中国消费者热爱，色彩大胆绚丽，设计前卫个性。

图4-65　李宁品牌

（五）使用者

品牌应当准确地针对某一使用群体，这也是一个企业品牌的定位问题。对于品牌的经营者而言，应该清楚地知道自己品牌的受众是谁，谁是品牌最主要的消费者，谁是潜在的消费者，他们的消费能力如何、受教育程度如何、生活状态如何，只有了解这些具体的信息，经营者才能把控自己的定位，把产品推向受众。如果一个品牌不知道自己的使用者是谁，就不能准确地建立好销售渠道和有效地开展销售活动。例如，国内外的一线品牌，其受众大多是一些受教育程度较高、社会地位较高、注重生活品位、购买能力较强的消费群体。

（六）利益

消费者购买商品也可以说是购买某种利益，这种利益是建立在品牌属性的基础上的。利益分为功能利益和情感利益，功能利益指的是产品的功能本身，例如，Jack Wolfskin（狼爪）的冲锋衣带来的功能利益是防风、保暖等（图4-66）；情感利益指的是品牌带给消费者情感或者心理方面的利益，如购买路易威登（Louis Vuitton）的包（图4-67）是一种身份的象征，体现了消费者的审美和品位以及购买力。

三、突出品牌风格

品牌风格通过品牌产品传递并被消费者感知，主要由风格特征和形态要素两大部分构成。风格特征是指人们对品牌产品的心理感受，即品牌风格是由一组产品呈现的共同特征所组成的集合；形态要素是人们能看到的产品的物质

图4-66　Jack Wolfskin门店

图4-67 LV 2018年足球世界杯纪念包

外形，相应的元素便是构成这种形态的最小单位。而元素内部以及元素与元素之间，如形（造型及结构）、质（材质及质感）、量（重量及数量）、色（色相、明度及纯度）等方面的尺度与比例关系则构成了品牌风格的基因，是与其他品牌在使用相同风格元素上的关键区别。

基于品牌风格稳定的前提，品牌风格基因需要最大限度地被继承。已故服装设计大师克里斯汀·迪奥先生于1947年所发表的作品"新风貌"（New Look）（图4-68），被认为是其最具品牌风格代表性的经典设计。服装的裁剪能够突出女性的胸部和腰部，宽大的裙摆能够让穿着者活动自由。

在后续若干季度的设计中，这一特征鲜明的品牌风格基因被有效地进行了传承（图4-69）。品牌的纵向延续系列设计，是在承载品牌风格基因的产品（服装款式）或系列产品（服装系列）基础上进行的迭代设计。

图4-68 Christian Dior新风貌服装　　　图4-69 Christian Dior 2012年春夏高级成衣/时装发布会

香奈儿（Chanel）的经典风格也被消费者亲切地称为"小香风"，选用粗糙的含羊毛花式织物，极简的设计风格，在领口、衣襟和下摆增添撞色绲边设计，在颜色的对比中塑造出干净利落的线条，凸显女性精致的身材，这也成为"小香风"的显著风格。每年香奈儿的秀场上都少不了这种身影（图4-70）。香奈儿（Chanel）的这种品牌风格走向了大众，成为更多女性的选择。

2022年华伦天奴（Valentino）品牌打造了一场以Valentino Pink PP为主题的大秀，专属于Valentino的"粉色实验室"，如梦似幻，让人印象深刻。Pink PP由67%的玫瑰红（Rhodamine Red）加33%的透光白（Trans White）混合而成，成为Valentino品牌的专属色（图4-71）。无论是高级成衣还是包袋鞋子，都采用了高饱和度的玫粉色，营造出极强的视觉冲击力，靠着这个艳丽的色彩，成功斩获了不少话题度，也在一定程度上让消费者记住了这个特殊的品牌风格。

图4-70 Chanel 2023年春夏高级成衣

图4-71 Valentino Pink PP系列

品牌风格是品牌所独有的，既是品牌持续创新的本源，又是品牌在长久经营中所积累的宝贵财富。在品牌竞争日趋激烈的当下，设计师只有充分理解与挖掘品牌风格，牢牢把握住品牌风格的精髓，并在产品研发过程中借助系列化的设计手段有意识地继承和突出，并广泛地与其他新的风格基因融合来推动品牌风格创新，才能保持品牌长久的生命力。

本章小结

■　服装设计风格多样，如解构风格、中式风格、立体风格、中性化风格等。在确定了服装设计风格后，所有的设计元素、设计轮廓、面料材质、色彩、工艺等都应与设计风格相呼应。

■　服装局部细节主要包括服装的领型、袖型、袋型、门襟、下摆等部位的局部设计和装饰细节设计等。

■　1963年9月，世界时装之都巴黎成立了"国际流行色委员会"。1983年，我国成立了"中国流行色协会"。

■　文化在品牌的发展中起着关键的作用，通过赋予品牌深刻而丰富的文化内涵，可以建立鲜明的品牌定位。

思考题

1.材料的增型设计方法有哪些？

2.简述流行色在服装中的运用。

3.在服装设计中，如何突出品牌的文化和内涵？

第五章
服装设计思维模式探析

课题名称：服装设计思维模式探析

课题内容：1.中西服装设计思维模式比较

2.当代服装设计思维模式的多样性

3.以市场为导向的设计思维模式

4.以秀场为导向的设计思维模式

5.以精神需求为导向的设计思维模式

课题时间：12课时

教学目的：学会分析不同的设计思维模式

教学方式：理论讲授＋实践教学

教学要求：1.了解中西服装设计思维模式差异

2.分析不同的设计思维模式

课前（后）准备：相关教案、PPT等

服装艺术的创作构思与一般的艺术创作活动相比既有共性，又有差异性。共同点是它们都来自生活，来自作者的灵感和创意，都包含着构思与表达；其不同之处在于，艺术创作相对而言具有更加鲜明的独立性和主观性。由于服装设计的创作活动需要与物质材料、生产实践活动挂钩，所以要更加深入地探析不同的设计思维模式，在构思中表现出其独有的个性。

第一节　中西服装设计思维模式比较

中西方服装设计的特征是由各自的民族文化所决定的，思想文化的差异所带来的设计思维也截然不同。中国的传统服装崇尚儒家和道家文化，讲究精神高于肉体，把服装审美当作传播思想，塑造人格，维护皇权的象征；而西方的服装审美讲究人本位，突出人体曲线，注重个人感受，看重自由。

一、传统设计思维模式比较

中西服装设计思维模式的不同，追根溯源在于历史文化的不同。中国文化长期受儒释道文化影响，形成了具有东方特色的哲学体系（图5-1），而西方的思想文化深受古希腊哲学及基督教思想影响。

图5-1　运用烟青、雅绿、杏黄丝缎面料增添东方人文情怀
（图片来源：POP服装趋势网）

图5-2　将宇宙中的璀璨星系团运用于服装中（MSGM 2022年秋冬成衣系列）（图片来源：POP服装趋势网）

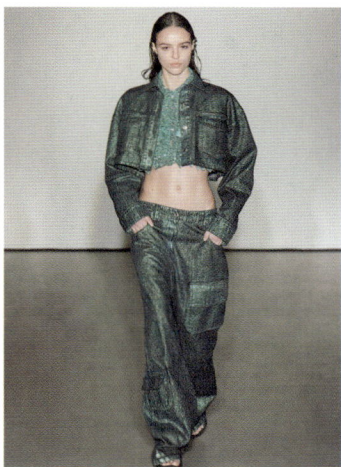

图5-3　运用细闪面料营造出满天星辰的梦幻感（MSGM 2022年秋冬成衣系列）

古希腊思想家、自然科学家、哲学家泰勒斯出生于爱奥尼亚的米利都城，他创立了古希腊最早的哲学流派米利都学派。泰勒斯首先提出"世界的本源是什么"，为了解决这个问题，他提出了水的起源理论，即"万物源于水"。爱菲斯学派的创始人赫拉克利特也说出"人不能两次走进同一条河流"这句名言。意思是，水是不停地流动的，第一次踏入河流，河水流走；再次踏入河流，流过来的水就是新的水了。水在不断地流动，因此人不可能两次踏入同一条河流。与泰勒斯不同的是，赫拉克利特认为火是万物的本源，宇宙是永恒的活火。有序的宇宙不被任何人创造，宇宙创造了自己，宇宙的秩序是由宇宙自身的逻辑定义的（图5-2、图5-3）。

苏格拉底是雅典哲学的创始人之一。在苏格拉底之前，希腊哲学主要研究宇宙的起源和世界的构成，被后世称为"自然哲学"。苏格拉底认为重新研究这些自然问题对于救国没有实际意义。苏格拉底开始研究人自身的问题，探究什么才是正义。具有明确定义的"正义"表明，存在着高于族类的共同价值，就是美。苏格拉底从目的论和美德论的角度提出了他的美学思想，其核心思想是美与善的同一性，即美善同一说。柏拉图是西方客观唯心主义的创始人，他以哲学的概念来思考美，并让美学成为一个思想体系。柏拉图对美，即"美的事物"和"美本身"进行了区分，并提出了关于美的本质的问题。在他看来，"美的东西"是个别现象，而"美本身"是一般的本质，将美的研究从感性经验推向了概念和超验领域。但美的本质到底是什么呢？柏拉图认为"美是难的"。他反对用功利主义和享乐主义来解释他关于"美是一种理念"的信念，并建立了他的"本体论"美学。而亚里士多德认为美是客观存在的，美本身具有价值，可以给人以快感，正是因为美具有客观性，所以同一事物不可能既美又不美。亚里士多德认为："美在于事物的形式和比例""美在于事物的秩序、匀称、体积和安排"。他解释说："一个美的事物……不但它的各部分应有一定的安排，而且它的体积也有一定的大小；因为美要依靠体积和安排，一个非常小的活动不能美，因为我们的观察处于不可感知的时间内，以致模糊不清；一个非常大的活东西，如一个500公里长的活东西，也不可能美，因为不能一览而尽，看不出它的整体性。"亚里士多德区分美与善，摆脱了审美判断与道德判断混淆的倾向，确认美与善不同。善永远存在于实践中，美存在于物体之中。也就是说，一切美都是善，但不是一切善都是美，只有善和悦同时存在才是美，从而区分美和功利。

康德的美学思想主要集中在《论美感与崇高》和《判断力批判》两本著作之中。《论美感与崇高》这本著作主要分析美与崇高的不同特点，指出我们通常所说的美，让人产生爱的感觉。崇高则是一种巨大的、无形的"壮丽"感，让人心生尊敬，甚至畏惧，所以康德称之为"恐怖的崇高"，崇高往往与道德联系在一起。康德美学思想的两个基本范畴就是美和崇高，在他后来的代表作《判断力批判》中，对审美判断的分析仍然是按照这种两部分模式进行的。他提出了鉴赏美的四个特征：第一，愉悦，无任何利害关系；第二，普遍但不是概念；第三，无目的的合目的性；第四，是主观的，但带有必然性。但他自己也说，鉴赏并没有客观的原则。康德哲学以主客关系和主体性为主导，而孔子哲学缺乏这种思想；康德哲学重认识论，而孔子哲学几乎不谈认识论。

东方的哲学审美与西方不同，中国的美学观念深受儒家文化的影响。儒家美学是中国古典美学的重要流派，它是指由孔子倡导的以"仁"为哲学基础的美学思想，强调个体情感和心理要求与社会伦理的统一。孔子之所以取得这种历史地位与他用理性主义精神来重新解释古代原始文化——"礼乐"是分不开的。孔子认为，真正的美是人与人之间相互爱的最高原则——"仁"。孔子说过："礼之用，和为贵；先王之道，斯为美。"肯定了个人与社会的和谐统一，强调人与人之间的等级和谐之美。首次对艺术的功能进行了简明的分析，但艺术不仅要满足美的要求，还需满足思想的要求，要能从艺术中认识社会生活、社会阶级斗争和社会发展规律。

孟子从"性善论"出发，认为美是真善的结合。他说过："充实之谓美，充实而有光辉之谓大。"孟子用这句话来定义美，意在说明世间万物都具有本性。本性得到发展，不断地扩大和丰富，达到完整时，就达到了美。在宋代，儒家思想经历了一次修正和演变。程颢、程颐、朱熹等人创立了程朱理学，程朱理学是客观唯心主义哲学。在这一理论中，主要思想是围绕"理"字展开的，理学认为理是世界的本源。同时，程朱理学主张"存天理，灭人欲"，压制人性的私欲，反对人的自由思想，这也使当时的儒家思想逐渐僵化，但这些对于封建社会的统治是有利的，于是理学很快被统治者采用，以作为控制思想的手段。理学的出现，对中国的服装设计思维模式产生了很大的影响。在程朱理学思想指导下，社会审美趋向于朴素，认为服装应该具有儒家风格，并遵循"便身利事"的原则。儒家学派的美学在漫长的历史时期里得到了充分发展，在中国美学史上具有独一无二的领先地位。

自先秦以来，以老庄为代表的道家美学思想，一直影响着中国的文学艺术，促进了中国古代艺术审美自由的发展。中国传统的艺术很早就突破了自然主义和形式主义的局限性，创造了民族独特的现实主义的表达形式，使真和美、内容和形式高度统一。道家美学思想的集大成者是庄子。他的审美观有两点：第一点，是指天地有大美，即物体外在形式的自然美。第二点，指单纯的内在美。庄子认为这种空寂无为的精神美超越了形体上的美。庄子通过赏析天地之美，确立了东方美学中的"质朴无华"原则。道家美学是以"真"为基础的。只要是自然的，就有美感，站在人的角度，只能欣赏人，站在大自然的角度，就能欣赏自然万物，站在造物主的高度，可以欣赏率真的灵魂。

在宗教信仰上中西文化存在着很大的差异。中世纪的西方社会，基督教占据思想意识形态统治地位，宗教审美意识极强，极具创造性。中世纪宗教赋予美学更高的地位，强调它与满足欲望的实际利益的区别，强调美的崇高。中国受本土宗教道教及本土化后的佛教的影响较深，禅宗美学可以说是中国宗教美学之代表。禅宗美学指在禅宗影响下产生和发展起来的美学思想。禅宗在中晚唐到北宋年间愈益流行，宗派众多，公案精致，完全战胜了其他佛教派别。其特点是道家美学与禅宗哲学的结合，将道家齐万物、泯是非的思想，与在不脱离现世、不毁损生命的情况下，从生活中获得人身自由解脱的思想融合在一起。

在地理环境上中西方也存在着差异性。中华文明的发祥地黄河、长江流域，土地肥沃，灌溉水源丰富，适宜农耕，中华文明在这里孕育。中国地大物博，自然资源丰富，人不外求而能自给自足，自力更生。于是，土地逐渐与财富挂钩，历代人民辛勤耕耘，形成了中国人"谨慎内敛""重视土地""勤劳"的性格特征。这种重视农耕经济的思想首先影响了政治领域，战国时期秦国非常重视"耕战术"，最终秦国得以迅速富庶强兵，最终实现六国统一。随后体现在哲学及审美上，形成了中国人崇尚自然，热爱自然美，乐于顺其自然的心理特征。中国古代文人多以追求自然为乐，更注重自己灵魂的平静和内在的升华，崇尚与现实生活相适应的哲学思潮。这些都是形成这种审美趣味的主观因素，是中国哲学审美向内寻求的高级表现。

而在古希腊，以及大多数古代文明繁荣的西方国家，如意大利、葡萄牙、西班牙、英国的共同特点是，它们都是少陆地面积的海洋国家。这种地理条件导致土地资源及自然资源的短缺，临近海岸意味着海洋资源的丰富。因此，人自然而然地会把发展的眼光对准大海，通过船只连接各国，发展海上贸易成为必要的发展途径，所以商业成了西方国家的经济根源。商业意味着灵活、冒险、外放和投机。他们为了保护自己的利益，需要组建联盟，联盟很难靠家族血缘支撑，必须有更大的保障，比如城市联盟。因此，城邦组织在古希腊成立，商人需要不断拓展市场，这就造成了西方人"外放""冒险""探索"的性格特征。我们可以看到，大航海时代是在西方国家兴起的，《马可·波罗游记》中对东方黄金国家的描述使西方人争相淘金。这种情况后来演变成了侵略扩张。

厘清了中西方传统审美思维的差异性溯源，我们就能理解东西方服装发展从根源上呈现巨大设计差异的原因。东方服饰的色彩以红、黑、绿、黄、白等明艳的色彩为主，

很少有暗色。这些鲜艳明丽的颜色被称为"正色"，并逐渐形成了中华民族崇尚鲜艳色
彩的习俗。同时，明艳色与暗淡色也成为当时人们区分社会等级地位的重要标识。除此
之外，东方服饰的另一特征就是有着明显的地域性区别。中国地域辽阔，在几千年的历
史发展中，在相对独立环境中逐渐形成了特有的风俗习惯。中国服饰特别是少数民族服
饰，因为受气候、风土等自然环境和民俗、民风等人文环境的影响，形成了鲜明的地域
性，并且在相当长的时间里保持相对稳定。正如民间谚语所说，"十里认人，百里认衣"，
这种特点决定了各种服饰形成相对稳定的形式，并具有强烈的地域风格，富有典型性。
随着时间的推移，各个历史时期的服饰不断出现新的式样，纵然有明显的变化，但不是
截然不同、没有关联的，而是不断地在继承前者的基础上向前发展。西方传统服饰文化
强调的是服饰在突出人体美上的审美功能。将露肩、露胸、露背的服饰称为美，西方服
饰文化源于古希腊，设计思维受到当时绘画、雕塑等门类的影响，可以发现古希腊的服
装包裹着人体，在身体上呈现起伏的状态。西方的服饰在突出人体之美方面起到弥补的
作用。如果一个人的形体本来很美，服饰就能将这种美衬托出来；反之，一个人的身形
并没有那么美，就可以通过调整服装的轮廓线、分割线和比例来改变形体缺陷，使人
体在服饰的作用下显出形体美。例如，西方妇女用的束胸、束腰等，目的就在于改善
体形，突出人体美。新艺术运动时期的女装呈"S"形曲线，即上半身用紧身胸衣把乳
房高高托起，背部极度贴身，收腹，翘臀。裙子在臀围线以上非常贴身，下摆呈喇叭状
（图5-4）。在剪裁上利用收省等处理手法来凸显人体。由此可见，人体表现始终是西方
服饰设计中恒久不变的主题之一。这也显示了西方服饰在审美方面追求收腰紧身窄衣型
服装的必然性。而受到中国传统美学影响的东方服饰在几千年的发展变迁中，依旧追求

图5-4　西方19世纪中期的紧身胸衣

图5-5　长沙马王堆一号墓出土的素纱禅衣

的是充满含蓄美的宽衣形态。相比西方重外形的设计，东方设计更重意境。长沙马王堆一号墓出土的素纱禅衣，剪裁较为平直，不刻意去修饰身体曲线，这种模糊人体的含蓄美符合东方的审美观（图5-5）。

进入现代社会，随着人们生活节奏的加快，各国的服装设计也发生了很大的变化。短装化、机能化、舒适化、个性化成为主流，那种古典式不便于活动的传统服饰多为现代人所摒弃。不同的传统服饰在保持自身特点的同时，相互借鉴融合，形成具有现代气息的新服饰。许多设计师的作品都受到传统服饰艺术的影响和滋养，把传统与现代进行有机结合。伊夫·圣·洛朗是一位服装风格的改革者，把高级时装赋予时代的意义（图5-6）。在他的作品中，有热情奔放的西班牙风格、单纯豪放的非洲风格，也有庄重鲜明的中国风格和色彩明朗的毕加索式风格，甚至有简洁明快的蒙德里安式抽象艺术和波普艺术的巧妙利用。众多的东方设计师会从本国或周边文化中发掘设计灵感，创作出充满精髓的时尚作品。例如，山本耀司把西方的建筑风格和日本传统和服结合起来，使服装不仅是躯体的覆盖物，更成为着装者、身体与设计者精神相互交流的产物。另外，作为传统服饰的旗袍，可以说是汉族、满族、蒙古族等文化融合的产物，是整个中华服饰文化的结晶之一，具有强烈的文化色彩。从传统旗袍到现代旗袍，它的演变又可以说是中西方文化结合的杰作，因此它具有很强的现代感和国际性，为世界许多国家的人们所喜爱。旗袍款式的简洁，充分展示出东方女性的曲线美，给人以内向、含蓄、端庄、典雅、高贵之感。虽然在20世纪上半叶旗袍还是中西合璧的产物，但是到了20世纪末，旗袍已经演变成中国现代服装的代表之一。可见，在不断变迁的服饰文化中，东西方服饰文化的不断融合，各民族服装也走向了世界，并逐步与国际接轨。服饰文化以博大的内涵、独特的审美和丰富的形式，给现代服饰时尚带来新的启示（图5-7）。

图5-6　伊夫·圣·洛朗（Yves Saint Laurent）

图5-7　2021全球旗袍邀请展
（图片来源：中国丝绸博物馆）

二、创新设计思维模式比较

东西方不同的文化渊源及美学观点使东西方服装呈现不同的形态，具有不同的神韵和气质，这就要运用到创新设计思维。在设计时，一方面，中国传统元素必须建立在时尚潮流的基础之上，然后将中国传统元素巧妙地融入其中，不能一蹴而就地再现复古及简单拼接。可以在现代时装外形轮廓基础上大做局部文章，以寻求创新和突破之处，并实现现代设计与传统民族元素的完美结合（图5-8）。最常用的设计手法是通过采用中国工艺材料和图案色彩或装饰来打破基本固定的款式造型。另一方面，在设计上要以中国传统纹样和传统色彩为切入点，把日益盛行的简欧风格进行整合兼容（图5-9）。而在这些纹样和色彩方面，不仅仅停留在对龙、花卉、青花瓷、中国结、京剧脸谱等纹样的简单复制，而是进一步挖掘更具有中国人文气息的元素，如中国的水墨画、皮影、织锦、蜡染和扎染等。通过将中国传统元素融入时代大潮中，使中国传统元素的神秘与玄妙和西方时尚元素的大气和开放互相融合、互为补充，真正引领全球服装界，从而推进"中国风"在世界流行。

图5-8　现代设计与传统民族元素的结合
（图片来源：盖娅传说品牌）

图5-9　中国传统纹样运用到服装设计中
（图片来源：盖娅传说品牌）

回顾古代丝绸之路的发展，当中国的精美丝绸进入西方，就成为西方世界追捧的昂贵面料，丰富了西方的服装文化。中国的陶瓷和园林中镶金嵌银的装饰也对西方的艺术风格产生了很大的影响，正是因为这些元素，欧洲很早就开始从东方世界里寻找灵感，并将东西方特色融合创造出了各式服装。20世纪90年代，约翰·加利亚诺在克里斯汀·迪奥的秀场上结合东西方特色，集合了盘扣、旗袍等元素设计了一系列服装，婉约的旗袍在西方人的审美观下变得张扬与奔放，黄色旗袍开衩处使用皮毛包边，后背左右两侧使用了葫芦吊穗设计，网状镂空展现了西方服装特色并丰富了视觉效果（图5-10）。克里斯汀·迪奥

图5-10　Christian Dior 1997年春夏高定秀

作为国际一线品牌，对于市场有很大的影响力，东方文化和艺术再次得到了世界的关注。

现在，越来越多的品牌在服装中融入中国元素。2001年，让·保罗·高提耶（Jean Paul Gaultier）推出了以京剧人物为灵感的"刀马旦"系列高级女装。该系列设计具有鲜明的历史厚重感，钉珠裹身的缎面洋装俨然是西洋版格格的专属行头，龙袍刺绣的风衣以及对襟立领束腰衣拥有清朝太后风范。此外，服装细节，如黑发头饰被编制成公主扇、流苏伞、绣花框等，极具中国风格。在2006年秋冬系列中，除了青花瓷旗袍式礼服，意大利设计师罗伯特·卡沃利（Roberto Cavalli）运用黑金色，创作了改良的中式旗袍。2015年，意大利设计师乔治·阿玛尼在高定中推出了以"竹"为理念的系列设计（图5-11）。竹子代表了中国精神，大气洒脱，该系列是外国设计师运用中式元素的典型代表。西方创新服装设计思维模式中的中国风经历了纯粹模仿到复原再到与现代结合的阶段，最后到元素内容的创新阶段。

近十年以来，中国风在各大秀场上已经成为常见的风格。由于中国经济的飞速发展，国人对于西方奢侈品牌的购买力大大加强。伴随而来的是国际品牌，如路易威登、古驰、巴黎世家、芬迪等，都在设计中加入了东方元素，特别是每年推出的七夕和春节限定系列，都洋溢着浓浓的中国色彩（图5-12）。

作为拥有五千多年文化积淀的中国，设计师们如何回归本源寻找设计灵感，成为他

图5-11　以"竹"为理念的系列设计
（图片来源：品牌 Armani）

们当下面临的一大挑战。面对快节奏的社会现状，不如沉静下来，去感受自然赋予我们的东西，也许可以从中悟到新的体验，从而激发创作的灵感，促进文化和服装的共同发展。

中国服装设计师目前的设计方式主要分为三类：一是将中国传统纹样和图案直接运用在现代服装上的设计；二是崇尚西方文化，将受欢迎的设计款式直接运用在设计中；三是怀有传承中国文化意愿的设计师们，将中国传统文化的精华提取出来，放入自己的设计中，让自己的现代思想与传统文化相互碰撞，相互融合。目前中国大多数服装设计师以前两类居多，而中国设计发展往往需要的是第三类设计师，这样的设计师秉承着对中华文化的热爱，立志为中国文化的发展和传播贡献自己的力量。例如，中国服装设计师吉承是上海设计界的知名人物，她热爱中国的传统文化，"禅"就是她非常喜爱表达的主题之一。她从意大利留学回国后创立了品牌JI CHENG（图5-13），她的作品通常将中国传统工艺与西方工艺相结合。她在2012年的伦敦时装周发布了"禅悟"系列时装，她表示中国美的意境在于亦静亦动，以意达义。设计通过易于和环境融合的袈裟色调，以流畅的立裁线条的垂荡感将禅的意境表现出来。她将光头模特和中国禅学带到了世界的舞台上，将禅与嬉皮士风格融合在一起，把中国设计带向了世界。

图5-12   FENDI春节限定

东西方融合必须建立在善意的基础上，才能获得美的感受，促进人类艺术的发展。对于设计师而言，服装文化是历史的积淀，它折射出人类的智慧光芒。只有将其保存、继承下来才能使设计师们有着永不枯竭的灵感源泉。

随着中国经济的发展，中国的创新设计受到越来越多人的关注，溯源中国传统文化是中国设计发展的必经之路。中华文化博大精深，为我们提供了取之不尽、用之不竭的灵感宝库，注重传统文化有利于中国设计走向世界。

图5-13   吉承设计作品
（图片来源：POP服装趋势网）

如今，许多西方设计师已经将目光投向神秘而古老的中国，他们看到了中国文化的魅力，与此同时，具有东西方双重文化视野的中国设计师越来越多，相信在未来东西方善意融合的设计案例会越来越多。

综上所述，中西服装创新设计思维模式的不同根本在于历史文化背景不同，地理环境不同，人们生存方式的不同，以及对于商业发展态度的不同，影响了文化的产生与发展路径，最终形成审美思维的差异。

三、审美设计思维模式比较

东西方的审美观念是不一样的。中国服装的审美意识是从礼乐文化中发展出来的。传统的礼乐文化是一种社会制度的确立，"礼"用来区分人的社会地位，维系社会秩序，"乐"则用于调和人的社会情感，所以《荀子·乐论》里说："乐和同，礼别异。"礼乐的结合是通过对人的外在行为规范的确立和内在情感的引导来确立一种等级制度，同时追求和谐的社会理想。在礼乐传统奠定了主体性的社会审美意识的基础上，古人对服装美的追求变得丰富起来，给服装的色彩、结构、样式赋予了社会内涵，力图在服装美中实现人体与精神的和谐、个体与社会的和谐。这种审美理想贯穿了中古传统服装发展的历史，但在不同朝代显现的风貌却不是单一的。从先秦一直到明清，中国传统服装的审美风格呈现多样又统一的特征。

改革开放以来，随着社会的发展，当代服装审美呈现出从单一审美到多元审美的发展趋势。从宏观上来看，中国服装审美已转变为大众文化主导的时尚美学，少数精英时尚美学与大众时尚美学并存，大众美学占据主位。大众流行服装审美的内部也开始逐渐细分，中国服装的审美特征总体呈现多元的趋势。

符合中国文化的服饰穿着依然是中国服装审美的主流，一个民族有一个民族的审美设计思维模式。中华民族的审美模式根植于中华民族的价值观与道德观。中国地域宽广，历史悠久，是一个多种民族、多种气候的国家。因为拥有深厚的本土文化底蕴，就注定服装审美设计思维对本土文化的倾向性，如今流行的"汉服热"正是对本土文化自信热爱的表现之一。除了汉族服饰，少数民族服饰的美也征服了人们的心，如傣族服饰和苗族服饰因为优雅的造型成为微博热搜的常客，引得年轻人纷纷模仿。

中国的审美设计思维模式同样也受地域因素的影响，中国东北地区因为天气寒冷，有穿貂皮大衣的习惯，至今为止以沈阳为代表的东北地区在冬日，商城中的貂皮大衣仍然很常见。而海南地区的黎族因为气候湿热，服饰多为宽松的短款式，黎族男子流行穿短衣、犊鼻裤、开衩裙；黎族女子盛行穿贯头上衣和筒裙。数千年来，黎族男女的衣着无根本区别，均为上衫下裙，用手织粗布做成。上衫缝合如布袋，无袖无扣，仅在中央开一个口，穿时自头贯下，所以又有"贯头式"之称。

经济基础决定上层建筑，我国已进入高质量发展阶段，社会主要矛盾已经转化为人民日益增长的美好生活需要和不平衡不充分的发展之间的矛盾。一个国家的社会经济情况对服装审美设计思维模式必然会产生影响，也就是说，服装审美设计思维模式必定会受到社会因素的影响。

1978年改革开放后，中国的服装设计开始进入多元化的时代，西装开始流入中国，全社会都在宣扬解放思想，中国的服装设计自然也不例外，多彩的中国服装设计渐渐崭露头角。20世纪80年代的电影《街上流行红裙子》是中国内地第一部时装主题电影，它影响了中国女性的审美观，把女性从沉闷的服装色彩中解放出来，开始追求鲜艳的服装色彩，这一时期，色彩明亮的裙子成为中国女性时尚的标志。蝙蝠衫、运动装、花裙子、开衫、喇叭裤、健美裤，各种类型的衣服摆满了商场，服装自由的时代来临。当时还流行一句话："不管多大官，都穿夹克衫；不管多大肚，都穿健美裤"，是当时时代流行的真实写照。20世纪90年代起，吊带裙、文化衫、超短裙和长裙开始流行起来。21世纪的今天，服装几乎已经没有任何禁锢，人们可以尽情追求个性。在这一时期，人们的选择不再只是对于服装款式的选择，人们开始追求服装背后所蕴含的文化，而几千年来对中国人审美精神影响最为深远的，就是儒家文化、道家文化和佛教文化。

讲究仁、义、礼、智、信的儒家文化，对当代服装审美设计思维模式的影响主要就体现在"礼"字上，这种礼的标准，在当代服装审美中的具体表现，就是穿衣服要分场合，所穿服饰需要合乎"礼"的标准。也正因为注重礼节，在意别人的眼光，所以不会做出格的事情，大部分人会自觉在合适的场合穿合适的服装。

道家文化对当代服装审美设计思维模式的影响，主要在于道家道法自然的主导思想。道家认为道是先于万物自然形成的，自然界的物质增长具有顺应自然的特点，所以道无处不在，道的存在就是和谐。现为服装与自然的和谐统一。反映到中国服装审美设计思维模式上，就表现在服装的纹样使用自然图案，服装材料选择偏向于天然纤维，讲究服装的循环利用及可降解性，开始具有环保意识。

东汉，佛教传入中国，在各种佛教壁画、石雕、雕塑中，出现了大量与帔帛类似的"飘带"形象。人们对穿着独特的菩萨产生了依赖和信仰，双肩披着的优雅美丽的帔帛，丝带轻盈飘逸，随风起舞，表现出优雅和美丽，强调了菩萨、天人与凡人的不同。民间女性的帔帛与佛教的帔帛有着千丝万缕的联系，中式帔帛是印度佛教本土化的结果。近代，西风东渐的服饰运动影响着中国的服饰逐渐趋向西化，审美和设计观念也由压抑情感恪守礼节转变为表现个性。随着社会的发展，服饰不再具有区分上下级的功能，新文化运动期间，大力提倡新文明风气，女性的身体和思想得到双重解放，开始逐渐在社会生活中展现自我。这些都为中国当代服装设计的进步与繁荣起到了铺垫作用。民族服装文化的多样性主要是由中国的多民族特性而形成的，每个民族根据自身的地域特点、民族习俗等传达不同的思想和风格，如蒙古族、藏族等主要是游牧生活，所以他们的服装设计更加注重实用性，在形式上追求简约、朴素。藏族服饰在色彩上追求与自然的融合，注重色彩的简约美观和协调，给人整体带来一种奇特而不俗的感觉。生活在西藏西部的少数民族有宗教信仰，所以他们对服装的审美观念也深受宗教的影响。一般以冷色为主，给人以严肃、庄重、威严的感觉。

时尚之风向来是由经济发达地区引领的，改革开放初期，港风服装引领着中国的时尚风向，如今是上海、北京、广州这样的中国一线城市引领着时尚的潮流。中国作为世界第二大经济体，完全具备引领世界时尚的资格。中华民族要重新认识自己，建立文化自信，深入了解自己的文化血脉，准确把握滋养中国人的文化土壤。我们的中国设计已经走向世界舞台，世界知名品牌的设计都无可避免地会使用中国风格的元素，中国的文化正对西方的服装设计产生强烈的冲击力。

第二节　当代服装设计思维模式的多样性

"形而上者谓之道，形而下者谓之器。"道与器构成了中国哲学的一对基本范畴。"道"是无形象的，隐含着规律和准则的意义；"器"是有形象的，明指具体事物或名物制度。道器关系实为抽象道理与具体事物之间的关系。理解当代服装设计思维模式的多样性，有助于我们突破固有思维，更好地掌握各种设计形式，促使设计目标的达成。

一、"形而上"服装设计思维模式

亚里士多德有一个实体概念，即他认为一种物质性存在的概念，往抽象发展时，就变成精神性的实体了，这是最初触及造物物质性和精神性的一个范畴。现代性有一个特征即工具理性，也就是人类行为出发点是有功利目的性的，在这种工具理性主导下，服装这种物质化的实体存在也成为工具。服装要成为一种精神性存在的前提，就是服装的精神个人性，即不以一种文化性的制度化而存在，而是与个体的精神世界联系在一起。

审美是一种主观感受，一个审美主体可分为生理的个体和心理的个体，生理个体和心理个体的关系仿佛基因双螺旋结构式的交叉重叠，从这两种视角出发的思想交织、碰撞、融合而形成的审美观，极具深度和广度。生理的个体，全人类基本相同，生理个体的行为准则被认为是身体各个原子之间相互作用的函数输出，可以用量子力学、规范场论来描述和预测。由于 DNA 遗传上的细微不同，每个人都有所差异，例如 DNA 遗传造成的色盲或者色超常。这必然造成了人与人之间的审美差异。

心理个体很复杂，首先心理个体是依附于生理个体的，大脑和内分泌系统事实上是心理的物质基础。我们的生活经历、记忆乃至思想维度，我们所看到、听到、感知到的一切都会影响审美，事实上，个体利益判断也在影响审美。我们生活的这个世界，地球重力、光线等都在参与我们审美观的基础建造。宇宙决定了个体的 DNA 结构，而 DNA 结构决定了生理结构，生理结构决定了个体的审美感知方式。我们的审美感知方式加上不同的人生历程，形成了每个人独一无二的审美观，这是外在程序化的设定，是人无法掌控或改变的。心理个体发源而得的审美观是一种形而上、概念性的哲学。而处在当今这个多维度、多元化的时代下，不管是美学领域的思想家，还是时尚产业的领先人物，抑或是我们平凡的普罗大众，人类因各种不同的心理需求所呈现的服装美学表达也各有千秋。

谈及当代多种心理需求的服装设计思维下的审美表达，不得不提的就是驰名世界的心理学大师卡尔·古斯塔夫·荣格（Carl Gustav Jung，1875—1961）和亚伯拉罕·马斯洛（Abraham H. Maslow，1908—1970）。荣格在心理学上的建树，最主要的是建立了人格分析心理学。荣格是弗洛伊德的学生，他在弗洛伊德的人有"意识"与"潜意识"之分的理论基础上，又进一步独创性解析，将"潜意识"分成"个体潜意识"和"集体潜意识"两个层面。荣格解释，"个体潜意识"是人作为个体存在，于后天环境等因素所致而非先天所形成的渴望、意志及阅历。荣格将"情结"解释为潜意识里存在的与思维、记忆、情感相互关联的种种族丛，而任何涉及这些情结的词语或句子都会引起情不自禁的拖延反应，这也说明情结是一种自主结构。正是这些情结极大程度上影响了我们的思维模式和行为方式。我们会发现，无论生活中有何种重大打击、情感经验、灵魂创伤以及其他致使情结被创造出来的人生经历，从一个角度来看都可以被视为有益事件，这些事件能够使人更加清醒，来增加个人阅历。而在这种情况下，情结往往是人们激发灵感与内驱力的源泉，这些灵感和驱力对于令人崇敬的服装设计师来说不可或缺，这也促使他们取得辉煌成就。

优秀的设计作品皆是由设计师们内心情结的驱使喷涌而出，作品体现了强烈的个人意识及审美，而设计师个人潜意识的维度也直接影响和体现在其设计的社会价值。这就涉及马斯洛需求中的"尊重需求"，尊重需求指的是自我价值、人与人之间的互相认可与尊重。设计师要有良好的自身品质与道德观，如果做出的设计传递出不良信息与经验，或低频负能量，那么设计及设计师也终将在宇宙循环规律中被大众所摒弃。一位优秀的服装设计师所设计的作品，必然是传输正面的、高维的设计思维和审美表达。作为普通人，能够有这样的意识去解读设计作品，从某种视角上来讲也是设计师与大众在服装设计思维表达上产生的情结共鸣与情感归属。这其实与马斯洛的社会需求有异曲同工之妙，社会需求也被称为情感需求，指的是情感的需要和归属的需要。这样的情感、归属需求体现在生活中的方方面面，服装公司推出各种制服设计，如校服、职业装等，反映了他们潜意识里希望与同伴友好相处的心理需求，职业装之美、制服之美也体现了服装设计思维中人文精神的情和意的整合传达与构筑。总的来说，人们会因为归属感而着装，其背后本质牵扯到荣格心理学的另一个理念——"集体潜意识"。集体潜意识可被理解为父辈祖先一代代传承下来的先天性意识，是祖先"集体意识积累"在群族神经系统中留下的记号和痕迹，人的精神基因和人格本能即为集体潜意识。荣格指出，知觉和领悟的原型就是人类存在的一些本来就有的"直觉"形式，这样的原型也可以被称为原始意象。个体的本能与原型联合组成集体潜意识。由此进一步研究，我们就会发现集体潜意识理论在马斯洛需求中的生理需求和安全需求中也有所体现。生理需求对于人类来说，是能够生存下来的基础。比如人类着装最初的目的也就是本能，即服饰有保护、遮羞、避寒的基本功能，即便在多元文化百花齐放的当代也是如此。当生存需求得到满足，人们就会重视心理需求。从这个意义来讲，生理需求也是推动人们对服装的要求，从基本功能性向精神审美性过渡的巨大推动力。在生理需求的基础上，安全需求也是非常重要的。服装设计中，产品的视觉效果和实际功用都能体现人们的安全需求。两种高饱和度的颜色相配时，会造成一种"震颤效应"，具有强烈视觉冲击力的配色会让人们觉得有模糊、眩晕的视觉体验，这会让人们觉得不安全、不舒适。在安全需求不被重视的情况下，人就会产生别扭甚至威胁感。最后，位于马斯洛需求层次顶端的"自我实现"，则刚好对应了荣格心理学理论中的"自性"。荣格认为，集体潜意识的中心原型是"自性"，或者称为无意识自我，它使所有的原型均衡统一，也使上文提到的在意识和潜意识情结中的原型，呈现出和谐统一。因此，整体性人格的自我实现，是建立在人类获得自性认识的基础上的。

二、"形而下"服装设计思维模式

马克思主义哲学提出"物质决定意识，意识反作用于物质"。在讨论服装物质属性的驱动力问题时，首先要厘清何为服装物质属性的驱动源，各方不同的驱动力虽由意识决定，但究其源头所在是由物质基础所决定的。依据马克思主义哲学思想及其理论体系，应从服装的实用性特点去理解服装的原始驱动源，所以如何满足人类的生存需求是服装物质属性的第一要求。要讨论此问题，首先要关注服装的起源问题，关于此问题的研究，学界有着诸多的观点。如装饰说、保护说、气象说、遮羞说、游戏说等，虽然这些观点所侧重的角度各不相同，但在追溯起源问题的时候，满足实用性的观点往往会受到更为广泛的关注。"衣"是必不可少的一部分，在满足基本需求的基础上才会有装饰、遮羞、美观等需求的存在。因此，服装物质属性的驱动源在于服装的实用性，只有在满足实用性的基础上，才能去继续讨论其在装饰、美观、吸引力等方面的驱动力，服装本身需要具备的基础功能是实用，原始先民用服装作为盛食器提高社会生产的能力，用服装作为保暖工具提高生存能力，这是其源头所在。之后服装才逐渐发展出其他功能，如礼仪、祭祀、潮流等，因此实用性是服装物质属性的最原始的驱动源。

　　实用性揭示了服装物质属性的驱动源，在满足实用性的基础上，服装会受到多种强大驱动力的影响，在各种驱动力的推动下，服装会产生多种的发展状态。在步入商品经济大发展的今天，影响服装的一股强大驱动力便是品牌。品牌最初是手工业者为了保护自身权益，在自己的手工艺品上留下的烙印，以便于消费者识别。随着时间的推移，品牌被赋予了更多的价值和表现形式。人们逐渐发现品牌认知、品牌文化、品牌精神理念可以持续吸引受众的关注，因此品牌的概念不断延伸，成为市场竞争中的重要组成部分。品牌作为当今服装发展的强大驱动力，与服装本身的特性有大量不谋而合的共性，服装的美观性、装饰性、吸引力等诸多特点都需要更多地互动，服装在追求以上特点时需要受到广泛关注，服装的展示更是在当今服装发展过程中占据重要位置。这些特点与品牌本身的概念相契合，使服装展示得到迅速发展。大牌的服装品牌每年都会组织秀场，品牌追求最大限度地传播，在秀场这个展示空间得到最大的满足，每年的秀场不仅仅有设计师和模特参与，还会有更很多具有影响力的社会名流与明星参加，扩大其传播范围（图5-14）。随着时间的推移，服装的理念不再单纯地满足于实用性，而是更多着眼于审美要求，并且这种要求与人本身的特性紧密相连。尤其是在近现代社会，美化自身、表现自我等方面需求不断增加，这些需求因社会条件的变化而不断变化，呈增长趋势，也成为促进服装发展的强大驱动力。人们对于潮流趋势的追逐，使其物质性展示心理的需要成为必然。

图5-14　TENDER PERSON 秀场
（图片来源：POP服装趋势网）

　　服装材料是服装设计的物质基础，服装材料的进步也是服装设计进步的重大驱动力，在设计师进行设计的各个流程环节中，设计所需材料的物质性功能在大部分情况下将会起到关键作用。通过相关的材料去表现合适的主题，材料的质感、厚度、可塑性都会使表现力产生变化，对于材料物质性功能的理解是考验一个设计师水平的重要标准。19世纪工业革命以后，各种新材料层出不穷，改变着社会的方方面面。到20世纪设计师对于新材料的应用逐渐成熟，而服装领域对于新出现的合成纤维充满热情，尼龙、涤纶等新材料不仅被应用在工业、化学等领域，更是对服装领域产生巨大影响。尼龙因其极佳的弹性、耐磨、纤细且灵活的特性，获得商家的青睐，由此制作的尼龙袜广受好评，它的轻薄、弹性最大化地展示出女性的魅力，象征着自由的精神和反对束缚压迫。材料的物质性功能制约着服装内容的出现，但是每一次新材料的产生与发展也会带来服装的进步，并与时代精神、民族特色等内容相结合，构成最具象征性的服装设计内容。服装材料的物质性功能由服装设计进行最大程度的展示（图5-15）。

图5-15　服装材料
（图片来源：POP服装趋势网）

服装的理念需要依靠物质性去承载，服装的内涵与情感需要其物质性去表现，两者是相互依存的。在服装设计中，艺术表现力与情感的传达是必不可少的一个方面，材料是精神表现的载体，服装设计表达的不仅在于材料本身的质感、色彩等要素，而且还要通过材料去进行精神的传达。服装的物质性需要通过精神去表达，因此服装设计会通过表现精神世界来进行呈现，追寻某种情感，与受众产生共鸣是服装设计的重点。追寻情感是指精神世界的深层诉求，这是一种更为纯粹的精神活动，并且包含抽象的特征。服装文化会反作用于服装本身，在人们生活中服装设计蕴含着丰富的文化。服装文化的传播者是社会大众，并从人们的穿着打扮得以体现。在服装设计的精神本质之中，生存是第一要义，文化附着于生存，但是文化的精神特性自然可以反作用于人类的行为活动。同时，人类之间的活动交流提升着人类的整体文明程度，不同的人群选择不同的文化，才会产生多样的服装造型，这正说明了人类社会对不同文化的需求。这些文化正是通过不同的服装设计进行表达，影响服装设计的不仅在于材料的物质性，还有对于生活方式的选择和追求。服装文化也会随着流行风潮的变化产生相当程度的演变，但是这种变化是在原有基础上的部分修正。服装的物质性承载的是时代精神、文化内涵，所有的精神象征都会通过服装的物质性去体现，达到物质与精神的和谐统一。

三、服装个性化设计思维模式

所谓"个性"，就是"人类个体同其他个体相区别的心理特征"。当代服装设计，从伦理与政治生活中剥离，进而受市场经济影响，时尚个性有了生长和发展的土壤和空间。在当今各种亚文化涌现、追求时尚的时代，人们不再满足于穿着千篇一律的服饰，而是追求新颖与独特的审美，各类创意服饰脱颖而出。

服装上使用 DIY 手绘或刺绣文字图案，追求"独特""设计感"等。"手工制作"成为服装销售的一大热点，人们难以忍受服装批量生产带来的千篇一律、单调，服装设计中也更多地增加了情感色彩与更多的手工成分（图5-16）。款式怪异、不规则、不对称的设计也受到了更多喜爱（图5-17）。这些充满设计感的服装，更加偏向于未来感，充满新潮和奇趣。更有一些拼接、破坏的解构主义思潮，如使用拼接布块、磨断或是抽丝的裤线、破旧衣领进行的设计，给人一种随性洒脱、猎新逐奇的刺激感。当代许多原创设计师品牌与潮牌大受欢迎，正是迎合了当代人们对于个性表达的需求。

图5-16　肩部手工装饰
（图片来源：POP服装趋势网）

图5-17　不对称服装设计
（模特：董薇）

此外，人们的情感需求也使服装设计朝着多元化、个性化的方向发展。一方面，人们的消费观念从价格实惠和穿着实用等转变为凸显审美个性和身份地位，尤其是年轻一代，他们对于服装独特新奇的主动性是前几代人远远不能比的；另一方面，"有趣的""个性的"产品标签成为近几年服装品牌产品结构变化的重要环节，消费者在高速运转的现代社会中需要寻找到精神压力释放的出口。

对此，我们可以进一步分析理解：一方面，当今社会人们的消费模式和消费观念正在改变。大众媒体在以多种手段向人们宣传产品的同时，消费者也有了越来越多的选择；另一方面，随着教育的普及，人们对美感日益重视，审美水平比过去大大提高。艺术家与普通人之间的距离不断缩小，艺术不再是少数精神贵族的专属，而是越来越走进普通大众的生活。单一的功能性设计已不能满足人们的需求，设计中强烈的装饰性和人文性可以使个性消费新市场显露出来，从而触达更多的消费者。

四、服装设计哲学审美模式

哲学根据对思维和存在、精神和物质关系问题的思考与回答，形成了唯心主义和唯物主义两大哲学派别。现代哲学可划分为两个支流，"科学哲学"和"人文哲学"。康德作为德国古典哲学的创始人，他与黑格尔哲学同为唯心主义哲学，在他们之后的路德维希·费尔巴哈哲学则主张人本唯物主义哲学。马克思在上述人本唯物主义哲学理论的基础上，提出了辩证唯物哲学思想和历史唯物哲学思想。"审美"是一种主观的感性意识，这种感觉具有极大的主观性、自主性。但"设计"是实践活动，需要具有哲学思考与科学的方法才能实现。因此，当代服装设计哲学审美思维模式不能仅依靠感觉而忽略实践活动，以审美为主融入伦理和智慧，建立美的标准与美的评价体系，西方哲学、美学以及马克思主义美学理论都为其提供了实践的方法论。

（一）黑格尔哲学思想中的审美与设计

黑格尔美学思想的基础是在接受与批判康德的哲学基础上建立的客观唯心主义哲学与辩证法理论，其思想的核心是辩证法。黑格尔认为"万物都是理性的存在"，即宇宙万物都可由哲学解释。譬如，理性与感性的结合就产生了人的认识与现实世界，此逻辑构架过程即是人的思想的发展过程，也反映了客观世界的发展过程。同时，黑格尔哲学又从唯心出发，以理念为世界的第一性，对艺术、哲学、宗教、科学、社会制度等作出理论推演。哲学的发展从某种角度而言就是真实世界的发展，在哲学理念与自然的对立统一之下产生了真实的世界，而艺术、哲学、宗教、科学、社会制度仅是精神与理念的显现。

黑格尔认为"神""上帝"属于"绝对精神"，是抽象的理念与自然对立统一下的结果，是主观精神世界与客观精神世界的统一。当客观与主观统一之后，精神与真实世界都到达顶峰的状态。首先，黑格尔的美学观点也是从主观抽象的理念出发，而不是出自现实的实践，即整个世界都是"理念"所"自生发"出来的。"理念"是定义及定义所指的客观实在的产物，属于抽象的状态。黑格尔认为"美是理念的感性显现"，并从美的理念内容与意蕴的定义着手分析美的感性显现，从理性与感性、内容与形式、个别与特殊进行论述。美与艺术是理念所创造出来的，美的本质即是理念。同时，黑格尔认为对立是为了统一，否定是为了再否定而提升到更高的境界的肯定。矛盾之所以存在是为了进化，进化的过程要在否定之后的否定的过程中进行。黑格尔把理念看成无限、自由的，不受外在物的约束可以自在发展。其次，"美是理念的感性显现"，黑格尔认为艺术审美中的感性事物只具有形式，而不具有实际存在的实质，仅是一种纯粹的显现。黑格尔的观点否定了客观存在，仅强调了主观意识的活动。但是，服装审美是人类认知感性的显现，人们可以通过服装审美的意识与设计的行为认识到自己的存在。人与自然不同，自然是自在的，是直接的存在，而人要"为自己存在而存在"，即以认识的方式，从思想上认识自己。同时，更要以实践的方式，从外在事物中体现自己，也就是说，通过实践改变外在实物，同时也在外在实物上显现个体感性形象。最后，运用黑格尔"理念与感性显现相统一"和"一般与特殊相统一"的观点，服装设计艺术作品一方面是感性的，是诉之于心灵的，使人心灵受到感动得到满足；另一方面也是理性的，在进行设计时需要理性的思考，进行再创造，使艺术作品所代表的普遍性个人化，进而与艺术作品产生共鸣。同理，设计的发展与人及其所处的环境和条件密切相关，其原理正如"安泰效应"，设计不能作为孤立的"元素"存在，而是要存在于某一体系当中才能凸显。服装审美与设计的过程是将一般和特殊相统一，将普遍的理念显现在个体的感性形象之中，既符合个体所处环境穿着的一般规范，又能体现出个人的特征与美感。

总的来说，服装设计艺术与审美是围绕人展开的，设计师不仅是在设计服装而且是在设计人穿着的服装。因此，设计师在进行设计时不能只是纯粹地模仿，更要将外在的形式与内在的气质相结合。伟大的设计与创造是强有力的，对自然美的缺陷可以克服与矫正。设计艺术的职责正是把自然美的生命现象灌注到现象的内在之中，同时外在的事物还要符合其定义。理念是内在因素，形象是外在因素，两者融合达到高度统一，将人的形象以感性方式渗入精神的东西表现出来才是审美设计的最终目的。

（二）费尔巴哈哲学思想中的审美与设计

费尔巴哈将人的本质理解为"类"，认为"理性""意志"和"爱"是人类的共同性。其学说核心可以概括为"人"和"自然"两个词，其哲学思想是围绕人本的唯物主义。费尔巴哈哲学的核心主张是将人本主义与自然科学相结合，即将人连同作为人的基础的自然当作哲学唯一、普遍的最高对象。简而言之，费尔巴哈哲学审美思想的核心都是围绕人而展开，其内容都是关于人的存在、本质、宗教、伦理等。费尔巴哈从人与自然的关系中去探索人的客观存在。人作为有生命的实体，人的感觉和情绪越真实、越强烈，就越需要表达。服装的审美与设计正是人情绪和感觉的外在表达形式，因此要围绕人、服务人。首先，人作为自然界长期发展的产物，其身体形态由自然所规定，那么服饰设计就要尊重人体的存在规律，不能背离人体结构进行设计。"时尚易逝，风格永存"，时尚是一种商业活动，在设计创新方面大多是为了追求经济利益，在设计审美上也趋向于追求感官上的刺激，而忽视"人"这一核心属性。拥有设计能力是人区别于动物的原因之一，因为这种抽象化的思维与能力是一种高级的思维活动，可以从现象深入到本质。其次，人的活动是由人所处的环境条件所决定的，不能将人直接从所处的环境中抽离出来。人是社会、文化、历史的产物，即人与具体的现实的人之间存在着诸多的媒介，因此，在设计中要充分考虑个体所处的环境、文化意识与历史条件。这其实是人类自身社会性属性的具体体现。人的本质包含在人与人的统一之中，假若离开了人与人的相互关联，人的本质就形成了毫无内容的虚构和抽象。外部环境因素是影响设计的关键因素，在设计创新和审美变化的过程中，要实事求是，遵循客观环境条件。服装设计的核心是"为人设计"，除了具有人类设计审美的一般属性外，还具有特定语境下的思想性与主题性。

（三）马克思主义辩证唯物思想中的审美与设计

服装审美与设计是在民族文化发展的历史进程中积淀而成的，也是时代更迭激荡下流动的文化。因此，我们要结合辩证唯物主义和历史唯物主义理论来分析当今的审美，从而深入地发掘、理解和弘扬中国传统美学，形成当今服装审美与设计的新的创造。马克思主义哲学即辩证唯物主义和历史唯物主义，是马克思在批判地继承黑格尔辩证法和费尔巴哈唯物主义哲学上建立的。

我国当代服装设计哲学思维模式是基于中国社会现有的发展阶段，以及中华民族文化背景下进行的，因此要以凸显民族特色、文化为主旨，运用多种设计表现手法进行创新与设计。提高审美与设计的根本"法宝"在于要高度重视和加强对文学经典、艺术经典、文化经典的学习和教育。文化经典是各个历史时期人类智慧和美感的结晶，艺术设计与创新离不开经典，人类的文明发展也离不开经典，因此，在提升文化知识水平和修养的基础上，提高审美鉴赏力是非常必要的。在加强对文化经典学习的同时，还要在设计中融入创新元素，探索未知，引导未来。当前，我国艺术设计、审美的话语权较为薄弱，设计的原创能力还不强，本国原创的核心概念也不多，甚至有相当大一部分设计都"借鉴"西方的设计，将西方的审美标准与设计生搬硬套到本国的设计实践中。这种状况严重制约了我国当代服装审美、设计的繁荣发展，长久下去会造成一定程度的思想"依赖"与话语"失声"。若要改变上述状况，需要加强审美理论与设计实践的创新，着力构建有中国特色、中国风格、中国气派的美学理论体系与设计艺术。一方面，要为理论体系的建构营造良好的人文艺术研究环境。鼓励高校艺术设计教师、服装设计师、服装行业工作者大胆探索，学术争鸣，活跃学术氛围；另一方面，服装艺术设计行业相关工作者要坚持古今中外优秀资源为我国艺术设计所用，不断推陈出新。此外，设计师还要有批判精神，对国外的各种设计元素，既不能一概排斥，也不能盲目接受，要辩证地学习与采纳。

辩证唯物主义认为评价事物的发展是一分为二的，且事物内部存在矛盾，矛盾最终促使事物不断地由低级向高级发展。服装的发展是一个不断更迭，循环往复，始终保持对立统一运动的过程。服装审美与设计既是对立的又是统一的，比如同一件破洞牛仔裤，有的人很喜欢，觉得这是一种时尚和潮流，也有的人觉得不修边幅、邋遢窘迫，这就是审美"对立"的体现。"统一"则体现在对同一件破洞牛仔裤拥有同一种观点的群体中，往往都是处在同一年龄阶段或环境中的人。因此，设计要扎根于实践，立足于时代环境。一是定位聚焦设计受众，明确谁在审美，为谁设计，是每一名设计师必须首先要搞清楚的根本问题。为此，服装设计工作者要坚持实事求是，着眼受众需要，把设计带入受众的审美点上。二是要坚持问题导向，设计中遇到的问题是创新的起点，也是创新的动力源。只有认真研究解决问题，才能真正把握住受众审美的脉络，找到设计发展的规律，推动设计创新。服装"审美"是一种认识理念，是内心的主观活动，人们对"美"的判断也在不断经历否定、否定之否定的过程，在对立统一中不断更迭，在循环往复中螺旋式上升。设计的力量在于探求事物、人类和环境背后的关系而非其外表靓丽的形态，因此，在设计的继承与创新探索中，要辩证地思考。同时，服装设计要以人为本，尊重人体的客观实在性与差异，不能违背人体结构进行设计。服装的审美与设计要以辩证唯物主义与历史唯物主义观，坚持认识与实践相结合，对立统一，不能用孤立、形而上的思维去评判。

五、服装设计实用主义思维模式

服装的实用功能是服装的根本所在，而实用主义最早源于19世纪末，实用主义哲学家约翰·杜威（John Dewey）将实用主义的观点推到了一个新的高度，提出了"真理即效用"的观点（图5-18）。杜威认为，任何经验包括日常生活经验，如达到满意结果，就都能成为具有审美性质的审美经验。虽然实用主义本身的发展已经达到一个新高度，但是实用主义真正用到服装设计领域是在20世纪之后，设计以及消费领域都将实用主义推向高潮。

服装设计的实用主义思维就是实用主义在服装设计中的应用，实用主义的发展是伴随科学技术进步以及思想解放逐渐产生并发展的，这个观点影响到人类社会的方方面面。在服装设计领域，现代服装追求的就是简约的美感，利用贴合人体的造型和朴素的色彩，设计出更加适应现代生活的服装。服装需要满足人们日常生活以及工作的需要，如现代服装中使用最广的休闲服，改变了传统的服装观念，将长期以来依靠服装区分男女差别的传统思想转变为平等、朴素的现代服装意识。随着女性地位的不断提升，越来越多的工作岗位都有了女性的参与，使服装之间的性别差异不断淡化。中性化的服装不断发展，甚至成为一种潮流趋势，人们可以依据自己的喜好去选择服装，实用主义拓宽了服装设计的深度与广度（图5-19）。

在设计过程中，以实用主义思维模式进行的设计要首先考虑人的需求，而随着现代服装的

图5-18 实用主义哲学家约翰·杜威

图5-19 中性实用服装
（图片来源：POP服装趋势网）

发展，在设计过程中就要首先考虑到人们日常生活中的需求。这种需求分为两种，一种是功能需求，另一种是审美需求，社会不断进步，社会的普遍标准也随之转变，功能需求也会有不同的标准，例如运动服，就要具备透气、吸汗等功能（图5-20），休闲服就要满足舒适、方便的需求（图5-21）。而审美需求的标准就要充分考虑到时尚

图5-20　瑜伽服
（图片来源：POP服装趋势网）

图5-21　休闲服
（图片来源：POP服装趋势网）

潮流、色彩搭配、特色文化等方面，服装的发展变化是动态的，要将服装的标准与时代结合，实用主义所要考虑的是人当下的需求，因此就要不断地去纠正认知偏差，以实用主义的设计思维去解决服装设计中出现的问题。

六、服装设计经济至上思维模式

服装设计经济至上思维模式是指以市场经济为优先级的服装设计思维，市场经济的主要特征就是商品之间的竞争，市场中的所有商品都要遵循竞争的法则，追求经济效益。追求市场经济效益的服装设计，要始终考虑服装产品的供需关系，从目标人群的需求考虑，实现服装产品市场的利润化。这要求服装设计既要满足流行趋势，又要赢得足够的市场利润，将设计内容与市场经济相互结合，形成良性循环。

以经济至上为思维模式的服装设计，其关键点在于如何令产品能够在一定的周期内满足市场需求，迅速占领空缺市场，令消费者满意并产生购买欲望。服装的流行周期很短，一个新的设计产品从设计、打样、采购、生产、物流到销售的周期也只有6~9个月，而快销类的服装产品周期更短，可以只用3周时间就能上市，这也是为何快销类的服装钟爱联名款式，因为这样能够迅速引起消费者注意，并令消费者产生购买欲望。在市场经济下对服装设计好坏的评判标准只有一条，就是这款服装有没有产生足够的利润，令企业实现价值营收，只有取得足够利润才是检验服装好坏的标准。在如今的大工业时代，服装的生产制造都是以批量化生产为主要手段，以市场经济为导向的设计就要能够符合大批量生产的要求，在最初的设计环节就要考虑到面料、结构是否能够进行批

量生产，以市场为标准选择合适的面料、款式，且一定要考虑生产成本，成本过高或过低，会直接影响到产品的最终销售以及利润率。

　　服装设计在进入市场时，就要以企业为主进行考虑，企业生产产品是为了盈利，服装产品要进行盈利就要考虑设计的成本，设计师在设计过程中就要有企业思维。产品的审美以及特点要服从产品的经济价值，有时需要进行取舍才能达到盈利的目的。例如，在服装的面料选择以及生产制造的过程中，选择高质量的面料以及特殊的制造工艺会取得更优秀的效果，但是考虑到经济效益以及批量化生产，就要去选择不需要进行再处理的面料以及更方便快捷的制造工艺，既能够降低成本又能缩短制造周期。面料的处理与选择是服装设计经济原则中的重要部分，面料的材质与属性是固定的，设计师需要了解面料的特性，通过不同的设计手段展示出不同的设计效果，在对面料的处理过程中，许多特殊的效果都需要对面料进行二次加工，但考虑到市场经济的原因，许多进入市场的服装设计都会尽量不使用需要二次加工的面料，所以设计师在运用经济至上的思维模式时，就需要多去考虑以面料最初的特性进行设计。

　　服装在进入市场时，就要按照企业产品开发的流程进行，从款式设计开始，到生产制造、发售营销等环节，都要严格按照产品的周期进行，服装设计是这些环节中的一环，也是所有环节中最初的起点。服装产品在正式投入市场后，反响和销量可能会与设计师的想法相悖，这种情况是相当正常的，只有经过市场检验，才能选出利润最高以及最受消费者青睐的服装产品，设计师获得了更多的经验，也能够在设计过程中更加得心应手。在市场经济下，服装设计会受到服装品类、批量生产甚至季节气候的影响，这些条件都会反馈到服装设计上，在进行设计构思时，就要注意这些条件，设计出更加符合市场需求的服装产品（图5-22）。

　　服装设计经济至上的思维模式就是在设计之初要以经济效益为主，人们对于服装美的追求是服装企业不断发展的动力源，通过设计手法将流行趋势与经济效益结合。而随着现代社会的发展，服装市场整体上更加强调审美，具体的趋势还要根据消费人群的文化程度、年龄、经济、兴趣等多个方面而定，并且各个地区都会有不同的服装潮流趋势，在一个地方取得市场优势的服装产品，到了另一个地方可能无人问津，所以更需要综合考虑各方面因素，从当地的消费文化、潮流趋势入手，从而令服装产品占领市场。服装设计经济至上的思维模式要不断地思考服装产品在市场中的反应，在设计过程中要时刻关注面料价格的高低，以及制造过程中的花费。

图5-22　为冬季设计的棉服
（图片来源：品牌Bora Aksu）

第三节　以市场为导向的设计思维模式

　　现代服装企业面临的是一个比以前更加易变和复杂的环境，企业只有不断研究环境，以市场为导向来思考，不断收集市场信息，评估分析信息，监控环境的变化，理解消费者的倾向，才能做出更加科学的决策。

一、以市场经济为导向

　　市场经济下服装产品的生产和服务及销售完全由自由市场的自由机制所引导，市场透过服装产品的供给和需求之间的关系产生复杂的相互作用，从而达成服装产品市场的利润化。然而，人们对服装美的追求是服装产品赢得市场的原动力，目标消费群体的需求始终是服装企业产品设计的依据，通过服装设计手法将流行与市场结合起来最终赢得服装产品市场的利润化，是服装设计与市场经济相互作用的循环机制。

　　服装最基本的功能是满足人们穿着的需要，随着经济、社会文化的不断更新，服装的消费趋势朝着求美、求廉和穿着功能化这个总体需求发展。根据影响服装消费观念的文化差异、年龄差异、经济收入差异、个人兴趣爱好等因素，消费者会选择适合自己的服装产品层次和类型，但是求美、求廉和穿着功能化这个大众消费认知是共同的。大众消费认知心理特征，促使更多满足大众化穿着需求的批量成衣占领了主市场。

　　服装企业产品有盈利才能生存和发展，产品成本是盈利过程中必须把控的一项，所以成本是服装设计师在进行设计和设计方法实现时必须考虑的因素。一方面设计的产品要符合消费者需求和品牌定位，另一方面要考虑成衣面料和相关辅料的生产或采购成本，在快速响应设计和生产的同时尽可能以低成本来实现。成批量的面料和需要特殊工艺定制的面料成本是不同的，不需要二次处理的面料就能满足设计需求的，更利于降低生产成本，服装设计中面料的可成衣化程度决定着设计成本。服装设计图能够运用到成衣批量生产的，面料一定是以纺织材料为主，在纺织市场上属于比较完善的织造方式，成熟的织造工艺等能更有效地降低纺织企业的生产成本，从而降低服装设计成本。纺织企业进行面料开发时，为了更好地控制成本，也会尽量开发可成衣化制作的面料，在满足市场销量的前提下会尽可能降低材料成本。

　　服装设计以市场经济为导向时，服装就要更多地考虑经济成本的问题，在面向市场时，该产品会不会因成本过高而导致无法获得足够的利润。同时企业所考虑的问题也是以控制成本为中心进行设计制作，选择面料、材质、款式等，要在符合市场定位的条件下节省开支。

二、以消费社会为导向

消费不只是经济行为，更是一种文化行为，只有离开使用价值消费的经济学视角才能深入消费的本质。消费文化这一在西方资本主义社会兴起的文化现象，如今以一种文化话语权的力量，影响现代人的生活。研究消费主义和消费文化，在很大程度上就是研究现代社会生存环境中人的自我价值和自我实现问题。它从一个侧面反映了时代精神的变化。人们消费的不只是商品的功能属性（实用性），而是社会属性，即符号价值，将物质消费转化为一种意识形态意义的美学消费。

社会的主流消费文化越来越关注服装的质量性消费。随着生活质量的提高，消费者对服装的安全性、可靠性、优质性尤为关注，提倡"健康、可持续的生活方式"。消费者在关注服装品质安全、消费安全与服务安全的同时，更看重功能性、时尚性、休闲性，呈现出过渡的态势。消费者对服装最基本的需求与舒适、经济、审美观及自我实现有关。这些需求是积极的，并且贯穿于不同的教育背景、经济地位和其他变量中。消费者愿意购买服装，不仅取决于服装价格和消费者收入等经济因素，还取决于政治、文化、社会等诸多非经济因素。

在诸多的消费影响因素下，明星效应明显，意见领袖作用突出，明星对消费者的影响持续存在，并不断增强，影响着消费者日常生活的方方面面，诱导着消费者的潜在消费需求。不同的消费群体有着不同的品牌定位，这些品牌定位将消费者的需求进行了新的划分，品牌的营销作用日渐增大，现代服装生产已不再只是单纯制造衣物，而是变为制作需求，品牌的传播以及影响力正是打造这一观念的有力武器，更多的服装企业也更加重视品牌效应。

服装属于人类创造的物质文化，同时也是基于当时社会文化背景下的科技水平、生活方式、人的价值观念趋向的行为表现，人们在消费的同时，在意的不仅是商品的使用价值，更在于其符号价值。现代服装的发展也更趋向于此，打造服装品牌比打造高质量服装的作用更大，服装品牌输出的是一种价值观念，这种价值观念会被某一人群所认可，从而获得市场的认同，服装消费文化将不同的消费人群进行了切割，从而划分出了多个渠道。在设计过程中要注意当前的消费文化，这为服装的生产发展指明了方向，去思考人们需要什么，而不是我想要设计什么。

第四节　以秀场为导向的设计思维模式

　　服装是千百年来人类意识的集中体现，从很大程度上反映了一个历史阶段下的社会生活。秀场中的很多造型是概念款，展示功能往往大于实用功能，我们可以在灵感枯竭的时候从这些夸张的造型中寻找新的设计思路。

一、以先锋性为导向

　　服装设计的先锋性体现在设计师们不断打破原有秩序，创造新的设计形式，改变潮流趋势。优秀的服装设计师是有预见性的，并且会在自身的设计作品中进行表现。

　　1981年，川久保玲第一次在巴黎时装周举行发布会，她松垮、立体化、破碎、不对称、比例不协调的"乞丐装"一举成名，引领了新的设计潮流。川久保玲的"破坏性"设计手法以挖空和切割为主，使服装形成一定的空间感和层次感。这种对面料进行"破坏式"设计的背后，表达的是一种对自我的再认识和反叛精神，挑战着当时女性一贯斯文得体的着装习惯，希望女性可以通过服装这个载体思考并强化自我意识。如图5-23所示，在白色的底衣外面套上带有破洞的外罩，破洞所形成的"空"与里面的"实"形成对比，破洞显露出来的白色又与外面的黑色形成对比，整体的沉闷感被打破了，增加了作品的观赏度。又如图5-24所示，同样运用了挖空的"破坏性"表现手法，大小不一的破洞疏密不均地分布在服装上，坑坑洼洼的破洞引发观者一探究竟的好奇心，虽然是对面料进行二维的破坏，但在引发观者窥探的同时产生了空间感，使服装产生了别样的魅力。

　　这些宽松、不对称、充满破洞的"乞丐装"在当时的时装设计圈被批评为"亵渎美的标准，强暴了时装该有的斯文得体"，但川久保玲毫不在意："女人不用为了取悦男人而装扮得性感……而是用自己的思想去吸引他们。"她用时装打破社会的规范与约束，让穿着可以是

图5-23　川久保玲设计作品

图5-24　"乞丐装"

为了女性的自尊与表达自我而存在。这背后的意义也正如时装学者Barbara Vinken所说的"她挑战了社会秩序的支柱"，先锋意味十足。

再如设计师薇薇安·韦斯特伍德（Vivienne Westwood）在2016年春夏系列中强调环保主张，暗示人们要珍惜自己生活的环境，否则等末日来临，留下的只有无尽的懊悔。她将目光聚焦于因气候变暖可能提前被淹没的威尼斯城，颓靡感和离经叛道的设计意味贯穿整个秀场，营造出一种最后的狂欢的末日氛围。面料的"破坏性"表现手法集中于领口和裙摆脱散的毛边，该系列并没有掩盖女性的身材，而是以一种让人更容易接受的方式来表达她的精神世界，用服装表现出人与生态之间的思考（图5-25）。

图5-25　Vivienne Westwood 2016年春夏时装秀

二、以创作意图为导向

每一位设计师的创作意图都有所不同，这些创作意图所产生的原因也是复杂多样的，这些条件与社会文化、经济因素以及个人成长生活环境密不可分，也因此设计师的创作意图带有鲜明的个人倾向。在进行分析、揣摩大师的作品时，需要将作品与其所处时代相匹配，什么样的历史环境就会造就什么样的设计作品，当我们把目光放宽时，才能够真正把握这些作品的创作意图，吸收这些作品的设计精华。

日本设计师川久保玲在2015年春夏作品中运用象征"血液和玫瑰"的红色寓意重生，这是为第一次世界大战爆发100周年之际创作的系列作品，"玫瑰"不再只是浪漫的代名词，它似乎是冷酷战争中的一点慰藉，但在川久保玲的设计中，又无法分辨这一大片的"红"，是玫瑰的颜色还是血的特写。模特披着玛丽·安托瓦内特（Marie Antoinette）风格的金发，卷曲的头发和猩红色的嘴唇，"衣服"是如此宏大，甚至如史诗般，以至于让人回想起18世纪时朝臣的服装。玫瑰花饰图案就落在了长长的红色缎带上，这是该系列中最保守的外观（图5-26）。川久保玲用这一抹红色，透过不同性质的面料，厚重的、轻薄的、硬挺的、柔软的……呈现出不同的质感。在服装轮廓上，大量立体剪裁与不规则层次堆叠的布料，再利用打褶、流苏、抽皱，以及大量的玫瑰花朵造型装饰手法，让服装就像立体雕塑般充满艺术感。川久保玲以此系列作品暗喻当今的都市人身负重压，需要短暂的逃离空间。该系列既采用象征希望和美好的鲜花元素，同时又通过大量混乱无序和恐怖暴力的暗示、变化多端的造型，引发观者多维度的思考。

图5-26 川久保玲"血液和玫瑰"系列

华特·范·贝伦东克（Walter van Beirendonck）2014年秋冬系列中，模特戴着写有"STOP RACISM"（停止种族歧视）标语的头饰，整个上衣被处理成一张抽象的人脸形象。设计师以这种仿生的方式展现对于种族问题的思考，生动地表达了反种族主义的立场（图5-27）。

山本耀司2020年秋冬男装发布会上，将黑色的深沉带入秀场，仿若从炮火纷飞的战场上带来一列身披火光的战士，从肃穆沉郁的夜色中带来一群桀骜不驯的游侠。黑色基调的秀场上渲染着暖黄色的灯光，又仿若肃穆冬季里的那一抹象征着昂扬生命力的晨光。踏着悠扬哀伤的乐声，黑色的队列鱼贯而入，映衬了大秀的主题——"游击队"（Partisan），发给来客的邀请函中，照片上的法国妇女正握紧拳

图5-27 Walter van Beirendonck 2014年秋冬秀

头，这一切都在显而易见地表达着对纳粹暴行的不屈与反抗。模特佩戴充满怀旧风的软呢帽和贝雷帽，宽大修长的战壕大衣搭配不规则剪裁的大片羊毛针织上衣，故意磨旧的毛边和长排牛角扣在大面积的深色色调中勾勒出随性潇洒的线条，宽松的阔腿裤在脚腕

处或用松紧带收束，或随意地挽起，搭配工装皮靴或高筒运动靴，象征着跃动不灭的生机与活力，隐喻出一幅20世纪90年代的战地图景（图5-28）。

图5-28　Yohji Yamamoto 2020年秋冬时装秀

第五节　以精神需求为导向的设计思维模式

　　服装实质上是反映社会和与其联结的一面镜子。我们选择用什么样的服装装扮自己，就是选择用什么样的语言表达自己，就是选择了用什么样的符号展示自己。不同的人有着不同的性格、不同的意识形态、不同的价值取向、不同的兴趣爱好，投射到商品市场后，就会将消费者进行市场细分，就需要考虑不同社会环境背后的社会群体，每个个体的存在都有其不同的社会性。

一、以消费者群体文化为导向

　　直观来讲，每一个群体都有每一个群体各自的文化，从而产生审美上的差异是理所当然的，分析消费者的社会文化特征就是分析其所处的主流文化群体、亚文化群体、社会阶层、家庭地位等。社会性的不同也就直接决定了消费者属于哪个社会群体。

　　消费者由于群体文化导向或出于个性的表达，主动或被动地出现求异心理，尽管有些消费者并不是刻意而为之。比如有些消费者对日本二次元文化很热衷，自然就是JK制服或者洛丽塔服装的爱好者。再如，当今很多女性性别意识觉醒，女性主义成为她们的生活态度，还有很多以亚文化群体为代表，比如朋克主义、街头嘻哈文化，以及其他一些文化都会被设计审美所接受，从而为这些群体服务。当然，可能也有消费者不那么在乎服装背后的人文背景，而专注于个性与独特，有那么一部分年轻人现在开始试着回头看、回顾历史，不难发现一些"90后"甚至"00后"对自己未曾参与过的年代或者记忆模糊的年代开始产生好奇心，"千禧年"文化（图5-29）、新浪潮文化、DISCO文化（图5-30）等一系列时尚考古运动在时尚界悄无声息地展开；当然，另外，很多消费者为维持自己审美的独立性，他们拒绝撞衫，对于很多有一定经济实力的消费者来说，这个时候产量较少、又富有设计感的独立设计师品牌就会成为他们的选择。

每个个体都处在某个文化群体中，不同文化群体接受着不同的价值观念、行为准则和风俗习惯，比如，20世纪60年代起，流行文化在美国社会得到全面发展，美国人民深受多元、开放、自由、享受等观念的影响，因此，美国品牌在当时一度撼动了以法国为中心的传统高级时装体系，简约、休闲的设计理念被深刻体现在服装产品中。著名时装品牌Calvin Klein就是典型的美国文化的代表，品牌所倡导的简洁、休闲、性感已经成为美国时尚的标签（图5-31）。

除了以美式休闲为代表的主流审美，事实上，在我们的社会人文中，还存在亚文化。所谓亚文化就是指小众文化，然而越是小众的文化我们越需要尊重它们，这也是一个社会文明程度高的象征。作为服装品牌当然也应该肩负起这样的责任。青

图5-29　千禧风格
（图片来源：POP服装趋势网）

图5-30　复古DISCO风格
（图片来源：POP服装趋势网）

图5-31　Calvin Klein品牌服装

少年一般来说比较敢于彰显自己的精神追求，是亚文化群体中的中坚力量，每个国家都有一部分的青年具有他们自己独特的态度和生活方式，这些自然而然也会投射到他们的消费观念、审美取向上。

比如当今的日本二次元文化下的洛丽塔群体，俨然在当下的社会建构起了一套自己的群体文化。这是一种来自日本的亚文化，它的风格受到维多利亚时代的女童服装和洛可可时期服装的启发，同时也受到西方哥特与朋克文化的影响。1976年，日本第一家洛丽塔品牌诞生，到了90年代，洛丽塔逐渐成为一种独立的时尚风格。近年来，这种风格开始在中国盛行，微博、抖音、小红书等热门社交媒体均可见到，越来越多的"洛娘"也出现在城市街头。这种服装风格以女性为主体，最典型的造型是敞开的及膝裙搭配纱裙的里子或是蓬蓬裤，荷叶边与蕾丝边再加上玫瑰和皇冠的图案是必不可少的元素。鞋子则以近似可爱的儿童鞋，比如圆头平底女鞋、马头鞋、带有绸缎的鞋子或者长靴为主。裙子通常饰有缘边，常配上带有彼得潘领或水手服衣领，或蕾丝的长衬衣。

一些国内设计师品牌也通过抓住少女感这一洛丽塔文化中最重要的内核，利用时装化诠释，顺便带洛丽塔出圈。服装品牌Shushu/Tong就是这样一个例子。品牌除了采用鲜明的设计语言，还带有哥特式洛丽塔风格的影子，怪诞且具少女感的反差（图5-32）。设计师表示洛丽塔还未成为主流文化，但它的日益流行是一种社会包容的进步，也积极影响了该品牌的销售量，越来越多的客人比以前更能接受品牌强烈的风格。另外，在国内拥有近百家门店（含直营与代理）的设计师品牌Ban Xiaoxue似乎走进了洛丽塔文化的圈子里，有许多"洛娘"也开始穿着Ban Xiaoxue的服装，并发在社交媒体上。

像以上举例的两种品牌是走近或走进洛丽

图5-32　Shushu/Tong 2022年春夏系列

塔文化圈的时装代表。用带有个人色彩的表达方式让更多人认识到洛丽塔也是一种时尚风格。总之，洛丽塔对于它自己的那个群体来说是一个少女梦，也是一盏灯，和诸多萌发的亚文化一起，可以照亮当下多元文化和市场的路。

二、以消费者个体意识为导向

人们常说，所谓的风格，不在于人们穿了什么，而是人们如何穿着和对诠释的某种形象的态度，这一点正是罗宾赛·布鲁克斯（Rosette Brooks）在《布鲁明戴尔的叹息与耳语》中所提到的。除去从群体组织主观上的诉求，还有一群人，他们的本原身份或许并不属于任何群体，但是他们喜欢张扬个性与设立自我的独特性，他们害怕与别人相同，以年轻人或是喜欢接触新鲜事物的人群为主，也是所谓的求异心理。

在个人与群体、自我与他者之间的紧张关系中，我们体会到永远都有需要维持这种能代表每种关系的平衡。时尚理论学家齐美尔（Simmel）称它是一种"生物"的本能。事实上，它一而再再而三地在各个位置出现。

当代年轻人和当下有闲阶级应该算是追随个性品位的主要人群，比如20世纪末的未来主义，当下新时代的集体怀思主义，只有具有情怀与热情的年轻人才会在不同的时代语境下产生不同的情绪交替。在一些几乎快被人遗忘的历史丛林中寻找风尚，我们可能可以找到答案，够酷、够独树一帜。从历史观来看渴望的是参与感，对未知充满想象，对过往复刻为语言。前文提到的YK2、"千禧年"、DISCO文化，正是反映着这样的心境。如图5-30所示，该服装在设计语言上结合了"千禧年"蒸汽波、90年代街头风格、各种亚文化，包含了大量运用各种元素的平面设计，具有科技性、实验性、未来感，喜欢这种风格的人将毫无疑问地选择它，也会如此打扮自己，不仅能从中看到了所谓的酷还看到了强烈的自我意识、与主流文化的反抗态度（图5-33）。有个性的人不需要特意去证明自己，而是这样的服装风格就是适合自己的，只是穿上它而已。另一方面，不理解的人大概会认为这只是一群人的狂欢，为了表现自己的与众不同，为了酷而酷。

我们也可以观察一下时装品牌Vetements爆红的原因，它

图5-33　YARD666SALE宣传照
（图片来源：POP服装趋势网）

的底色正是街头文化。Vetements那
些松松垮垮的运动装，形体、搭配和
图案都是"冷战"和"后冷战"时期
怀旧风格的现代改良，如此能让在互
联网时代出生并成长的年轻一代产生
身份认同（图5-34）。俄罗斯设计师
Gosha Rubchinskiy，自从在2012
年加入日本设计大师川久保玲创立的
Comme Des Garçons大家庭之后，
在差异化市场大获成功，说明审美营
造的关于社会、政治和文化认同的强
大磁场，够独特够酷，让年轻潮人们
找到了共鸣。

图5-34　Vetements 2023年早春系列

　　安东尼·吉登斯（Anthony Giddens）的理论提到现代社会的特征是个体从传统
的束缚中解放："在新型媒体所传递的经验背景下，自我认同成了一种反思性组织起来
的活动。"这意味着，我们所说的"自我"是可以被构建的，它成为一种被创造、监
督、维持和变化的东西，并且随着外界的变化而变化。所以时尚，促成了认同感。但是
所谓的"个性化"也是建立在社会大背景下的大流的基础上，并未脱离主流。当一股时
尚风潮成为主流之前，它占领的利基市场是小众的，一旦成为主流，它就不可避免地走
向流俗，成为被抛弃的对象，同时也预示着变革和新一轮时尚风潮即将开始。

　　着装风格的方式的确有效缓解了个体自我确认在现代理性压力下的焦虑感，在很多
场合成为有效的补足方式。现代文化在着装风格的个性表达上，呈现高度的个人主义特
点，使自己"成为""看起来是"与众不同的人。因此，着装风格不仅是自我表达的工
具，还是摆脱理性化规范压力的方法。然而与众不同在现代社会依然是有限度的，着装
风格还面临着适度的问题。风格不仅关乎个人特质，也关乎一般性，关乎与某个风格相
关的特定类型群体中的人们共同分享。对于追求着装风格的人来说，那些需要完全和独
立创造自我的工作已经由一个商业化包装的群体做到了。极端地说，根本不存在未被商
业化及商品化浸染的个性。可以将刻意追求的着装风格视为多样化的文化小环境或者亚
文化，人们不必完全依赖自己去创造个性，一种确定的、已经构建好的个性化以商品的
形式陈列在橱窗里，人们只需要通过购买去选择就可以了。着装风格的选择使我们既
"看上去"与众不同，又能从群体成员身上获得某种归属的安全感。

本章小结

■ 儒家美学是中国古典美学的重要流派，它是指由孔子倡导的以"仁"为哲学基础的美学思想，强调个体情感和心理要求与社会伦理的统一。

■ 随着社会的不断进步，群体之间的审美差异形式也在不断发生变化，人类的身份认同、思想观念和情感接受等因素在时代的发展中被烙印在特定时段的特定艺术载体上。

■ 服装审美是一种认识理念，是内心的主观活动，人们对"美"的判断也在不断经历否定、否定之否定的过程，在对立统一中不断更迭，在循环往复中螺旋式上升。

■ 服装属于人类创造的物质文化，同时也是基于当时社会文化背景下的科技水平、生活方式、人的价值观念趋向的行为表现。

思考题

1.东方设计元素有哪些？

2.选择一个秀场，分析其设计内涵。

3.简述服装设计哲学审美模式。

第六章
从设计作品解析设计思维与方法

课题名称：从设计作品解析设计思维与方法
课题内容：作品一《尔雅》
　　　　　作品二《失鱼者》
　　　　　作品三《地外视界》
　　　　　作品四《飞鸟说》
　　　　　作品五《CAUTION》
　　　　　作品六《REBORN》
课题时间：6课时
教学目的：学会欣赏和分析服装设计作品
教学方式：理论讲授＋实践教学
教学要求：1. 学会分析方法
　　　　　2. 掌握设计思维
　　　　　3. 会欣赏优秀作品
课前（后）准备：相关教案、PPT等

作品一《尔雅》

一、灵感来源

此系列作品名为《尔雅》（图6-1）。灵感来源于江南文人派引发的联想，意在构建出一种儒雅、含蓄的氛围。将材质、色彩等设计要素在服装上进行转化。尔雅，尔，昵也，昵，近也；雅，正也，指雅言。五方之言不同，皆以近正为主也。本次设计以雅为主题，采用黛青、黛绿为主要基调，表现江南水乡的氤氲、朦胧之美。轮廓上对传统服装结构进行改良，部分采用立裁的表现手法。面料上采用飘逸的真丝和有垂感的混纺面料，表现面料质感的变化与对比。该系列以《尔雅》为名，一是指不断向规范的服饰礼仪制度学习，二又取其温文儒雅之意。通过江南雅致主题的构思，融入了传统的梅、松、竹等文人派元素，意欲表现文雅、含蓄的风范，如图6-2所示。

尔雅 尔之雅之

"江南风韵·锦绣华服"——第六届"紫金奖"服装创意设计大赛
The sixth 'zijin prize' clothing creative design competition

图6-1 《尔雅》设计效果图
（作者：李晓宇）

二、款式特点

在款式上结合现代的制服款式，做到既有中式韵味又国际化，设计出符合现代服饰

图6-2　《尔雅》灵感版
（作者：李晓宇）

风格的新中式制服。男装在西服的款式上加以改良，加入中国传统的立领、无领搭配。女装则在设计中加入盘扣、流苏等元素，在款式上讲究美观大方。

三、色彩特点

色彩以雾霾蓝和钴蓝为主要基调，以印花、刺绣和渐变色丰富画面，局部点缀金属色和流苏装饰，使服装在不失整体感的同时又显有亮眼的色彩。随着人们对于可持续性与环保问题的愈发关注，蓝绿色系成为近几年春夏的关键色彩基调。柔和自然的纯净蓝、薄松石绿与雾霾蓝及矿物黄搭配，极富新意。该主题色彩百搭实用，可用作休闲、时尚正装等（图6-3）。

四、面料特点

面料采用织锦、真丝乔其纱提花面料等。真丝乔其纱质地轻薄飘逸，并富有伸缩弹性。受新中式热潮的影响，以及传统丝绸提花焕发出新的生命力，以传统纹样为蓝本结合现代元素满足时尚青年的审美。真丝面料经过处理增强易打理性和耐用性，如图6-4所示。如图6-5所示为作品的成衣展示。

■ 色彩版

· 色彩上以雾霾蓝和钴蓝为主要基调，以印花，刺绣和渐变色彩丰富画面，局部点缀金属色和流苏装饰；

· 随着人们对可持续性与环保的愈发关注，蓝绿色系成为2020春夏的关键色彩基调。柔和自然的纯净蓝、薄松石绿与雾霾蓝及矿物黄搭配，极富新意。该主题色彩百搭实穿，适用于从休闲到时尚正装等各个市场。

图6-3 《尔雅》色彩版
（作者：李晓宇）

■ 面料版

面料：
织锦；乔其纱；
提花面料，肌理，
光泽面料；
印花面料

制作工艺：
刺绣；印花；
镶边；盘扣；
开衩。

图6-4 《尔雅》面料版
（作者：李晓宇）

（a） （b）

（c） （d）

图6-5 《尔雅》成衣展示

作品二《失鱼者》

一、灵感来源

此作品的设计灵感来源于江南风景，江南钟灵毓秀、风景优美，像一幅幅泼墨山水画。此次设计选取了具象的"鱼"的形象，通过平面化、抽象化的设计手法处理为图案，作为服装的装饰以及服装款式特色。将山水画中的水波纹抽象化处理为服装的面料肌理，使平面与立体相结合，服装质感更为丰富。整体色彩运用了黑、白、灰来展现水墨山水画的特色。运用刺绣以及数码印花的工艺，使服装整体具有中国韵味和东方特色。如图6-6所示为作品效果图，如图6-7所示为灵感来源与设计说明。

图6-6 《失鱼者》设计效果图
（作者：孙路苹）

图6-7 《失鱼者》灵感版
（作者：孙路苹）

二、款式特点

我国文化源远流长，可用的元素也十分繁多。在此次设计中作者争取最大限度地体现出中国山水画的质感。在款式设计上将"鱼"这个元素体现在服装的结构上，如在服装的领子上做风琴褶的设计，以此来表现出鱼尾的仿生特点。领口同样用刺绣工艺仿生鱼尾的动感。裙摆运用衔缝的形式展现山水画中的高山形制。裁剪方式上以中式的平裁为主，在此基础上夸大廓型，使服装更有表现张力，运用了不对称式的裁剪结构，利落的结构线，增加服装的艺术感与氛围，如图6-8所示。

图6-8　《失鱼者》款式图
（作者：孙路苹）

三、色彩特点

在色彩上选用黑、白、灰三色来体现水墨感。黑、白、灰三色的比例多次调整，争取最大限度地体现出韵律感，也更能体现出传统的水墨感。白色奠定服装的整体基调，灰色、黑色的加入使服装整体呈现出渐变的水墨感，使服装整体更加具有中国风格。

四、面料特点

外套选用具有一定厚度与挺括感的毛呢面料，使服装具有一定的厚重感，体现出中国传统的谦逊与稳重。而裙子和衬衫的面料则选用较为轻盈的丝绸和棉麻面料，与厚重的毛呢面料形成对比，更强调了韵律与节奏。丝绸面料与棉麻面料也是中国面料的一大特色，同样具有很强的中国韵味。整体结构上强调参差、错落的节奏感，又能够营造出中式特色的平和韵味。如图6-9所示为设计作品《失鱼者》的成衣展示。

|（a）|（b）|（c）|（d）|
|（e）|（f）|（g）|（h）|

图6-9 《失鱼者》成衣展示

作品三《地外视界》

一、灵感来源

　　20世纪60年代的西方处于一个大变革的时代，不仅有嬉皮士、披头族和摇滚青年等，而且在这一时期人类还实现了太空旅行。早在1934年，Yuri Alekseyevich Gagarin（尤里·阿列克谢耶维奇·加加林）成功成为第一个进入太空的人类。Valentina Vladimirovna Tereshkova（瓦莲金娜·捷列什科娃）则乘坐宇宙飞船"东方6号"，成为第一个进入太空的女航空员。人类将时尚带到了太空，太空也将时尚反馈给人类。这一时期设计师们设计出了具有太空元素的服装，在色彩方面也使用了白色、金色、银色等具有未来感的色彩。此系列的作品灵感来源于20世纪60年代的服装特色，结合了宇宙元素，创造出富有未来感的服装。在茫茫宇宙中，人类并不是孤独的，在地球以外的太空中存在着无限的可能性。设计师在此次设计中加入了星空以及宇航员服装的元素，将星空元素以数码印花的形式加在面料上。星球以立体造型的方式作为装饰，并且可拆卸，给消费者二次创作的可能，如图6-10所示为作品效果图，如图6-11所示为灵感来源与设计说明。

图6-10　《地外视界》设计效果图
（作者：孙路苹、孙欣晔）

　　《地外视界》创意理念：在茫茫宇宙中，我们人类并不是孤独的！科幻大师艾萨克·阿西莫夫（Isuac Asimov）在《地球以外的文明世界》中以严谨的科学态度，探讨了宇宙的形成、生命的起源，地外文明世界存在的可能性。在此次设计中加入了星空与宇航员服装的元素。将星空图案以数码印花的形式印在面料上。星球以立体造型的方式作为装饰，为可拆卸装饰。

　　服装款式：主要运用的是运动休闲风，加入了抽绳、拉链、立体口袋、锁扣等元素使服装款式更为多变。立体口袋等元素也是根据宇航员服装设计的。

　　服装色彩：色彩采用的是撞色。服装颜色整体为深紫色或深蓝色，加入了黄色的撞色使服装整体色彩是活泼的。

图6-11　《地外视界》灵感版
（作者：孙路苹、孙欣晔）

二、款式特点

　　在服装的款式上，主要选择了运动休闲风。风衣或夹克搭配休闲裤，在款式细节上加入了抽绳、魔术贴、拉链、立体口袋、锁扣等部件，使服装造型更为多变，也使服装更加具有实用性。其中服装的立体口袋致敬宇航服的口袋，如图6-12所示。

三、色彩特点

　　在服装色彩方面采用了撞色处理。服装整体色彩运用了深蓝色，色彩取自浩瀚的宇宙的颜色，同时较深的底色也能突出图案的丰富性，服装局部采用了黄色、浅蓝色等亮色，使服装色彩更加活泼，更具视觉冲击力。

四、面料特点

　　在服装的面料方面选择了较为贴肤的棉麻面料，使人体穿着更加舒适，在部分装饰上选择了PVC面料，以体现服装的科技感与未来感，如图6-13所示为设计作品的成衣展示。

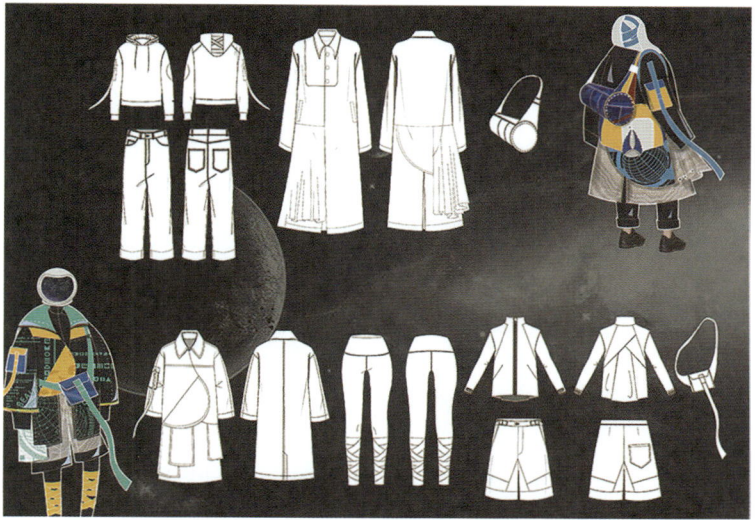

图6-12　《地外视界》款式图
（作者：孙路苹、孙欣晔）

（a）　　　　　　　　　（b）　　　　　　　　　（c）

（d）　　　　　　　（e）

图6-13　《地外视界》成衣展示

作品四《飞鸟说》

一、灵感来源

本系列作品名为《飞鸟说》，灵感来源于"风筝"。从历史记载和发现的古代风筝来看，其结构、形状等方面突出的标志就是以飞鸟的形状居多。人们崇尚飞鸟、热爱飞鸟、模拟飞鸟而制作风筝，是人们对于美好生活的追求。本系列设计以此为灵感设计出具有休闲时尚感的针织服装，旨在传递积极向上的态度，展示出阳光、自信的未来气息。如图6-14所示为《飞鸟说》的设计效果图，如图6-15所示为设计灵感版。

二、款式特点

款式设计主要是以简约的廓型为基础进行解构再造，整体呈中性风格，打破传统氛围。挺阔A型、宽肩T型、无袖H型以简约高级的直线条打造日常通勤的着装需求。解构主义、衬衫式风衣以及大码呈现出一种休闲功能的穿着效果，传达出都市女性摩登帅气的调性，将风筝中的结构、形状等特点融入设计中，再运用创新镶拼和极具设计感的精工线缝工艺，设计出更加贴近市场的简约时尚的服装，如图6-16所示。

三、色彩特点

在色彩方面主要采用雾霾蓝与精密黑的组合，搭配空间白、渐变色浸染，色彩百搭且适合多个季节，彰显简约时尚感，适合多个年龄层，具备长期市场吸引力，如图6-17所示。

图6-14　《飞鸟说》设计效果图
（作者：王胜伟、翟嘉艺）

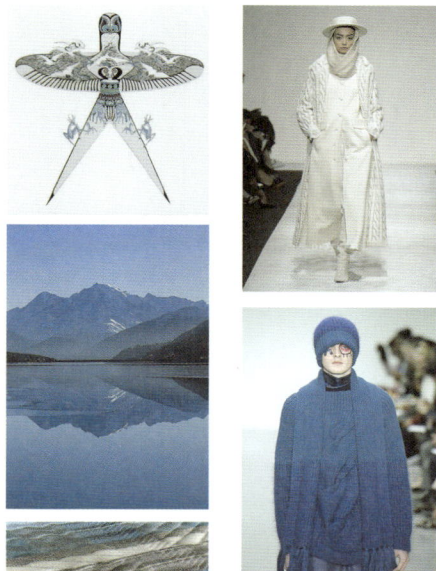

图6-15　《飞鸟说》灵感版
（作者：王胜伟、翟嘉艺）

灵感来源：

灵感来源：

本系列作品名称为"飞鸟说"。

灵感来源于"风筝"。

从历史记载和发现的古代风筝看，其结构、形状等技术，一个突出的标志就是以飞鸟的形状居多，人们崇尚飞鸟、热爱飞鸟，模拟飞鸟而制作风筝，是人们对美好生活的追求。系列设计以此为灵感设计富有休闲时尚的针织款式，旨在传递积极向上的态度，展示阳光、自信的未来气息。

设计说明：

款式设计上：

主要以简约线条为主，将风筝中的结构、形状等元素融入到此次的款式设计中，再运用创新镶拼和极具设计感的精工线缝，简约时尚的服装更加贴近市场。

色彩设计上：

主要以雾霾蓝与静谧黑的组合搭配为主，搭配空间白，渐变色侵染，色彩百搭且适合多个季节，彰显简约时尚感，适合多个年龄层，具备长期市场吸引力。

面料设计上：

主要以环保面料为主，采用再回收涤纶，利用其良好的抗皱性和保形性，能够轻松实现造型的张力，搭配纸片纱和扁带纱增加肌理感，使服装精致又富有立体层次。

图6-16 《飞鸟说》款式图
（作者：王胜伟、翟嘉艺）

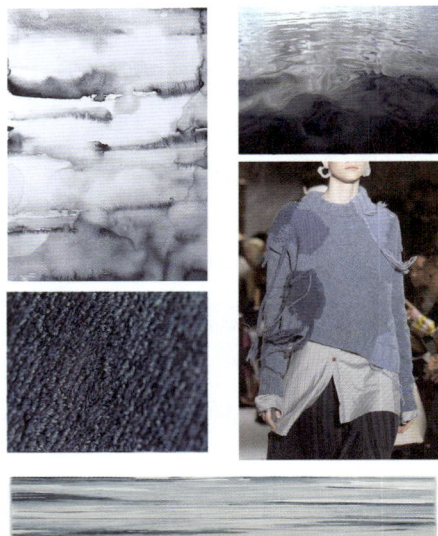

色彩说明：

PANTONE 7541 C/光学白

光学白色的色泽柔和又具现代感，可以和大部分色彩完美融合其色调素净、优雅且具有中性风格，能烘托出温暖的氛围。

PANTONE 656 C /淡蓝色

通过将浅淡蓝色掉叠加运用针织多打造的轻雕结构，适合舒适性和极简主义的趋势。

PANTONE 646 C /雾霾蓝

雾霾蓝夹杂着一定灰度，有更强的适应性，旨在创造季节之间的连续性，是打造跨界单品的最佳选择。

PANTONE BLACK 6C/静鲨黑

静鲨黑作为中性和跨季节款式中的前卫色彩，结合雾霾蓝、空间的渐变设计装饰感十足，针织本身的丰富肌理感，再借助鲜明的色彩渐变强化个性，视觉上更加丰富有趣。

| PANTONE 7541 C |
| PANTONE 656 C |
| PANTONE 646 C |
| PANTONE BLACK 6C |

图6-17 《飞鸟说》色彩版
（作者：王胜伟、翟嘉艺）

四、面料特点

在面料选择上以环保面料为主，采用再回收涤纶，利用其良好的抗皱性和保型性，轻松实现造型的张力，搭配纸片纱和扁带纱增加肌理感，使服装精致又富有立体层次，如图6-18所示为《飞鸟说》设计作品的成衣展示。

（a）

（b）

（c）

（d）

（e）

（f）

图6-18　《飞鸟说》成衣展示

作品五《CAUTION》

一、灵感来源

此作品设计主题名为《CAUTION》，户外环境下的人们不得不在多场景下切换，或空旷寒冷的户外，或闷热拥挤的地铁，且要应对复杂多变的微气候，因此对生活单品的功能性需求不断提高。这是《CAUTION》系列设计的初衷，运用轻薄型和高透气材料，速干、防水、防风，在满足舒适性的同时，为户外环境下的人们增添一道贴心的保护。如图6-19所示为设计的效果图，如图6-20所示为设计灵感版。

图6-19 《CAUTION》设计效果图
（作者：叶青）

图6-20 《CAUTION》灵感版
（作者：叶青）

二、款式特点

款式设计为休闲正装款式，结合机能工装元素。在实用主义的影响下，服装趋向于多功能化发展，在正装架构上设计可调节模块化，令其适合多个场景。百搭的黑色、机能运动感的亮橙色结合卡扣拉链等设计，拥有优越的实用性，同时带来暗黑摩登造型，不浮夸低调的风格使其年龄受众更加广泛。

一些细节的设计更能体现人性化，通过拉链、魔术贴、四合扣、织带以及扣襻等功能型辅料，给口袋再做模块化功能区域细分，满足更加细致全面的实用功能需求；服装内部口袋同样可以尝试融合模块化细分。覆盖式口袋可探索单品的多样性，增加额外覆盖门，使用者可因穿着场景不同调整，实现其防护与功能性设计，如图6-21所示。

图6-21 《CAUTION》设计款式图
（作者：叶青）

三、色彩特点

本系列色彩提取亮橙色为主色调，搭配经典黑白色，在保留原定基调的同时，结合当下时尚色彩的流行趋势，呈现运动潮流、舒适功能感。警示配色的运用，在考虑户外运动安全性的同时，也使单品更具有功能性及人性化，在体验时更便捷与舒适。

本季度的黑色十分关键，它体现了新季度对通体运用黑色的理解。拥有成熟、现代、奢华的内涵。与灰色搭配散发出未来主义精致感。灰色作为新的黑色重新成为流行色，沙砾的色彩感，是城市建筑的色彩氛围，也是严峻话题下灾难的预警色，低调、安静，让轮廓更柔和，质感更舒适。抢眼的橙色是作为高饱和的代表色，给人以无限的活力，展现活泼和真实的自己。在寒冷的秋冬中披上吸睛耀眼的色彩，如图6-22所示。

PATONE 14-4203 TCX
PATONE 19-4008 TCX
PATONE 15-1335 TCX

● 色彩预测分析：
本系列色彩提取了亮橙色为主色调，搭配经典黑白色，在保留运动基因的同时，结合当下时尚色彩的流行趋势，呈现运动潮流、舒适功能感，警示配色的运用，在考虑户外运动安全性的同时，也使单品更具功能性及人性化，在体验时更便捷与舒适。

本季度的黑色十分关键，它体现了新季度对通体运用黑色设计的理解。拥有成熟、现代、奢华的内涵。与灰色搭配散发来未来主义精致感。灰色作为新的黑色重新成为流行色，沙砾的色彩感，是城市建筑的色彩氛围，也是严峻话题下灾难的预警色、低调、安静，让轮廓更柔和、质感更舒适。抢眼的橙色是作为高饱和的代表色，给人无限的活力，展现活泼和真实的自己。在寒冷的秋冬中披上吸睛耀眼的色彩。

2021/2022流行趋势主题预测色彩提案 - 《CAUTION》

图6-22 《CAUTION》色彩版
（作者：叶青）

四、面料特点

户外运动的急速升温，迫使品牌设计师对面料功能性不断探索。科技机能材料具有良好的防水、速干等功能，可以承载压胶、复合等工艺，便于打造具有未来感、功能性的装束；混合反光纤维或涂层，使高性能面料具有缤纷彩虹色和微妙的反光感，局部的金属测光感可适应新科技面料的应用，在大面积面料上混合反光纤维或涂层，整体更加突出绚丽及科技感。在辅料上，选择防静电、耐高温、抗生锈等属性的功能型材质，在兼具运动休闲及流行的同时，使材料最大程度地发挥它的功能性，如图6-23所示。如图6-24所示为作品《CAUTION》的成衣展示。

● 面辅料设计运用：

本系列重点在于户外用品的开发，因此在材料的选择上多运用防水、速干、耐磨、耐高温等属性的功能型材料；在辅料的选择上选择防静电、耐高温、抗生锈的材质。在兼具运动休闲及流行的同时，使材料最大限度地发挥它的功能性，则是本次户外系列最大的价值所在。

户外环境下的人们不得不在多场景下切换，或空旷寒冷的户外，或闷热拥挤的地铁，且要应对复杂多变的微气候，因此对生活单品的功能性需求提升了一个层次。这是《CAUTION》系列设计的初衷，运用轻薄型和高透气材料，速干、防水、防风在满足舒适型的同时，为户外环境下的人们增添了一道贴心的"保护"。

● 面料预测分析：

户外运动的急速升温，迫使品牌设计师们对未来面料功能性不断探索。

科技机能材料具有良好的防水、速干等功能性面料，可以承载压胶、复合等工艺，便于打造具有未来感、功能性装束；混合反光纤维或涂层，高性能面料具有缤纷彩虹色和微妙的反光感，局部的金属测光感适应新科技面料的应用，在大面积面料材质上混合反光纤维或涂层，整体更加突出炫丽及科技感。通过未来感极强的塑感薄膜质感展现其轻金属的视觉效果及摩擦带来的声效极具趣味性，打造个性服饰；可降解再造面料，由于可持续的影响，面料的活性设计愈发得到关注。可降解生物原料催生的防护性面料彰显天然与有机美感，半透明的外观，不规则的色彩加工工艺。

2021/2022流行趋势主题面料辅料预测 - 《CAUTION》

图6-23　《CAUTION》面料版
（作者：叶青）

（a）　　　　（b）　　　　（c）

（d）　　　　（e）　　　　（f）

图6-24　《CAUTION》成衣展示

作品六《REBORN》

一、灵感来源

　　本次设计的灵感来源于江南丝绸。将江南丝绸与中国非物质文化遗产苏绣相结合，利用淡彩底纹和面料改造，营造出相互交叠的视觉感受。带着对于这种精神状态的理解，将艺术的审美带入此作品当中，启发我们主动尝试改变，创造新的可能性，呼应"破茧重生（REBORN）"的创作主题，如图6-25所示为《REBORN》的设计效果图。

图6-25　《REBORN》设计效果图
（作者：徐文洁）

二、款式特点

　　廓型回归简约的同时，增加服装的功能性和女性元素，在基础廓型的基础上进行细节化设计，加入具有女性色彩的泡泡袖、宽松裙摆等。细节方面加入腰带、抽绳、吊带等设计，使服装能够在迎合大众市场的基础上更具有设计感，更加适应市场需求，如图6-26所示。

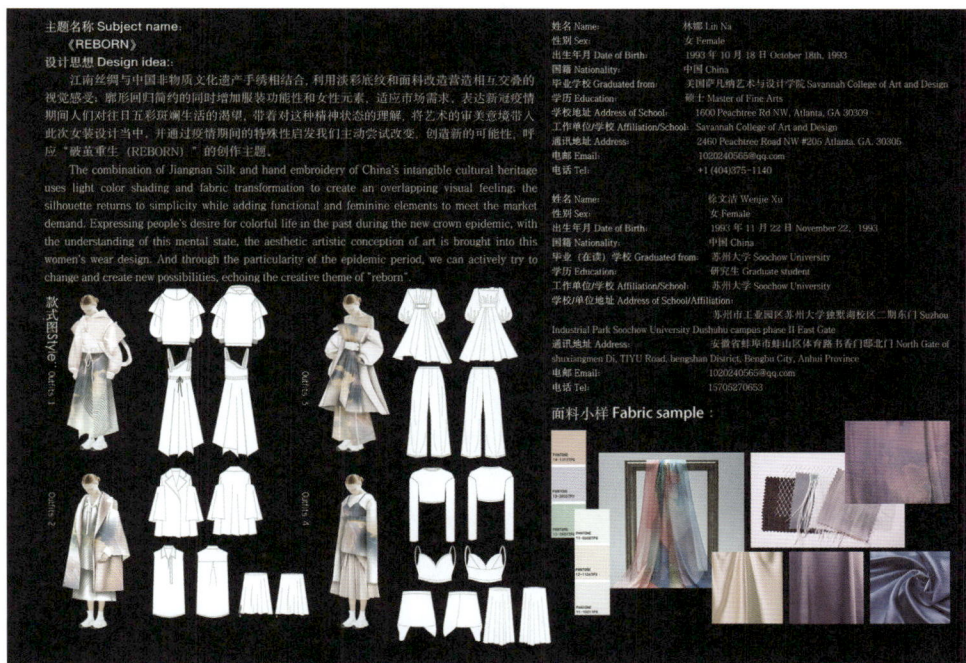

图6-26 《REBORN》款式图及面料图
（作者：徐文洁）

三、色彩特点

度假、户外、自然一系列追求惬意释放压力的生活方式与需求之下，将清透水润的柔美粉色系推向日常生活，粉色的主基调向整系列服装注入一股温柔与亲切之感，搭配纤薄清透的丝绸材质，舒缓身心自由境地，美好又特别。搭配夜空蓝与星空紫，表达人们对于五彩斑斓生活的渴望。

四、面料特点

作品采用真丝绡面料，丝绸面料的天然性光泽和视觉，给人以舒适、垂顺的质感，以及丝绸特有的柔软、优雅和爽滑的触觉。柔滑的丝绸面料颜色靓丽，自带光泽感，使面料具有高级的属性，与服装的轻奢优雅风格相吻合，如图6-27所示为作品的成衣展示。

（a）   （b）   （c）

（d）   （e）   （f）

图6-27 《REBORN》成衣展示

本章小结

■   设计师结合现代的制服款式，做到既有中式韵味又国际化，设计出符合现代着装的新中式制服。受新中式热潮的影响，传统丝绸提花焕发新的生命力，以传统纹样为蓝本结合现代元素满足时尚青年一族的审美。

■   我国文化源远流长，可用的元素也十分丰富。将服装款式、面料、色彩、工艺等与中国文化相结合，营造出符合中国文化的服饰。

■   运动休闲风可以选择在款式细节上加入抽绳、魔术贴、拉链、立体口袋、锁扣等元素，使服装造型更为多变，也使服装更加具有实用性。

■　撞色设计能够使服装整体风格更为活泼，采用PVC面料，以体现服饰的科技感与未来感。

■　在设计中可以多选择环保面料，如再回收涤纶，利用其良好的抗皱性和保型性，能够轻松实现造型的张力，既环保又实用。

■　户外运动的急速升温，迫使品牌设计师对未来面料功能性不断探索。科技机能材料具有良好的防水、速干等功能性，可以承载压胶、复合等工艺，便于打造具未来感、功能性装束。

思考题

1. 能够运用在新中式服装上的设计元素有哪些？
2. 运动休闲风的服装设计在色彩、面料和款式上需要注意哪些细节？
3. 创作一系列（三套以上）以传统文化为灵感的服装设计效果图。
4. 创作一系列（三套以上）户外运动风格的服装设计效果图。

参考文献

[1] 李慧. 服装设计思维与创意 [M]. 北京：中国纺织出版社，2018.

[2] 杨晓艳. 服装设计与创意 [M]. 成都：电子科技大学出版社，2017.

[3] 李超德. 设计着是美的 [M]. 上海：文汇出版社，2022.

[4] 李慧. 服装设计思维与创意 [M]. 北京：中国纺织出版社，2018.

[5] 孙涛. 服装设计思维与表达 [M]. 北京：清华大学出版社，2015.

[6] 岳满，陈丁丁，李正. 服装款式创意设计 [M]. 北京：化学工业出版社，2021.

[7] 于国瑞. 服装设计思维训练 [M]. 北京：清华大学出版社，2018.

[8] 黄嘉，向书沁，欧阳宇辰. 服装设计：创意设计与表现 [M]. 北京：中国纺织出版社有限公司，2020.

[9] 李正，徐崔春，李玲，等. 服装学概论 [M]. 北京：中国纺织出版社，2014.

[10] 袁利，赵明东. 打破思维的界限——服装设计的创新与表现 [M]. 2版. 北京：中国纺织出版社，2013.

[11] 寇鹏程，何林军. 美学 [M]. 重庆：西南大学出版社，2017.

[12] 吴卫刚. 服装美学 [M]. 北京：中国纺织出版社，2013.

[13] 王巧，徐倩蓝，李正. 服装商品企划实务与案例 [M]. 北京：化学工业出版社，2019.

[14] 姜忠林，鲁荣寰，杨军. 比较经济管理学 [M]. 北京：中国经济出版社，1989.